Louis Figuier

La
Galvanoplastie

Les Merveilles de la science

ISBN : 978-1519209511

10 9 8 7 6 5 4 3 2 1

Louis Figuier

La
Galvanoplastie

Les Merveilles de la science

Table de Matières

On a dit souvent que la sagesse et la puissance de la création se manifestent avec autant d'évidence dans les faits les plus humbles du monde physique que dans les plus imposants phénomènes dont la nature étale à nos yeux la magnificence et l'éclat. La structure intime du germe contenu dans un fruit, l'admirable disposition des yeux microscopiques de certains insectes, les premiers linéaments de la vie apparaissant au sein de la trame végétale, toutes ces actions presque invisibles qui s'accomplissent dans un espace inappréciable à nos sens, révèlent avec autant de force la prévision infinie de la nature, que le brillant aspect de nos campagnes décorées des riches présents de Dieu. Cette pensée ne perd rien de sa justesse, transportée dans le domaine des sciences. Pour comprendre toute la valeur des sciences modernes, il n'est pas nécessaire d'invoquer leurs plus imposantes créations. Ni la locomotive ardente courant au fond de nos vallées ; ni le navire immense se jouant sur les flots, grâce à la vapeur qui l'entraîne ; ni ces machines admirables, où la force d'un seul homme, appliquée au bout d'un levier, se trouve, par les combinaisons de la mécanique, centuplée à l'autre extrémité ; aucun de ces grands, spectacles si justement admirés, n'est nécessaire au témoignage dont nous parlons. Pour deviner toute la portée future des inventions de notre époque, il suffit de jeter les yeux sur une plaque métallique de quelques centimètres : sur une lame d'argent portant une empreinte daguerrienne, ou sur une épreuve de cuivre galvanoplastique. La science qui, dans un instant indivisible, a su imprimer sur une surface inerte cette merveilleuse image des objets qui nous entourent ; celle qui, par l'action obscure et insaisissable d'un courant électrique, a plié le métal rebelle à tous les caprices, à toutes les fantaisies de la volonté, est évidemment destinée à accomplir un jour des prodiges dont tous les progrès réalisés aujourd'hui seraient impuissants à nous fournir la mesure.

La galvanoplastie est, en effet, de toutes nos inventions, celle qui prépare à l'avenir les plus singuliers, les plus étonnants résultats. Elle est appelée, dans un temps plus ou moins prochain, à produire des modifications profondes dans les procédés actuels de l'industrie. Par elle, la pile voltaïque, descendue du laboratoire du savant, est venue s'asseoir dans l'atelier, et les procédés scientifiques ont trouvé leur place dans les opérations des arts. Le rôle de la pile, comme agent de l'industrie, est destiné à acquérir tôt ou tard une importance de premier ordre, et le moment n'est peut-être pas très-éloigné où les courants électriques et les traitements par les réactifs, remplaceront, dans nos usines, les grandes opérations par le feu. Alors, les ateliers de la métallurgie présenteront un spectacle singulier. Au lieu de ces foyers immenses qui dressent éternellement vers le ciel leurs tourbillons enflammés, un instrument presque informe, composé de l'assemblage d'acides et de métaux, accomplira les mêmes opérations sans dépense et sans bruit. Au lieu de ces armées d'ouvriers qui s'agitent jour et nuit, consumés par le feu, noircis par la fumée, livrés aux labeurs les plus rudes, on verra, dans une série de beaux laboratoires, une légion de tranquilles opérateurs, s'appliquer à manier en silence les appareils d'électricité, et soumettre les minerais et les métaux au jeu varié des affinités chimiques.

Cette pensée paraîtra sans doute à bien des lecteurs empreinte d'exagération. C'est qu'en effet, la galvanoplastie est encore assez peu connue parmi nous. Il nous suffira donc, pour justifier notre pensée, de décrire ses procédés, l'état présent de cet art nouveau, et les applications qu'il a reçues. On comprendra, d'après les résultats obtenus aujourd'hui, ce que l'avenir peut attendre de cette nouvelle et brillante application des travaux scientifiques de notre époque.

On donne le nom de *galvanoplastie* à un ensemble de moyens qui permettent de précipiter sur un objet, par l'action d'un courant voltaïque, un métal faisant partie d'un sel, dissous lui-même dans l'eau, de manière à former à la surface de cet objet, une couche continue, qui représente exactement tous les détails de l'original.

Les opérations galvanoplastiques permettent de reproduire les médailles, les monnaies, les sceaux, les cachets, les timbres, les bas-reliefs et même les statues. Les chefs-d'œuvre de la sculpture, reproduits à peu de frais, peuvent ainsi devenir populaires, et multipliés indéfiniment, braver les injures du temps, comme les atteintes des hommes. La galvanoplastie est donc à la sculpture ce que l'imprimerie est à la pensée humaine.

La galvanoplastie peut encore multiplier à volonté, une planche gravée sur métal ou sur bois, et rendre ainsi éternelle le type primitif sorti des mains de l'artiste. En transformant en un cliché de cuivre, une planche gravée sur bois, elle a donné une extension prodigieuse à la gravure sur bois qui orne les publications pittoresques et les livres de science. Une gravure sur bois ne pouvait tirer que 10 000 à 12 000 exemplaires : transformée, par la galvanoplastie, en un cliché de cuivre, métal d'une grande dureté, elle permet de tirer, jusqu'à 100 000 exemplaires, tout en réservant le type original de bois, qui peut servir à reproduire indéfiniment un cliché de cuivre tout semblable.

La galvanoplastie vient encore en aide à la typographie, en donnant le moyen de fabriquer des moules pour la fonte des caractères d'imprimerie et même des caractères pour l'impression. Se prêtant à tous les caprices de l'art, elle permet de reproduire en cuivre les moules obtenus avec toute espèce d'objets naturels, tels que des fruits, des végétaux, des parties d'organes empruntées aux animaux ou aux plantes.

Dans une sphère différente, les procédés électro-chimiques répondent aux besoins de la vie, en recouvrant, par des procédés simples et peu coûteux, nos ustensiles domestiques, d'une couche protectrice d'un métal inaltérable, comme l'or, le platine ou l'argent.

Tels sont les principaux objets qui forment le domaine de la galvanoplastie et des opérations électro-chimiques. Essayons maintenant d'exposer les recherches qui ont amené la création de cet art nouveau, et de faire connaître les noms des savants auxquels revient le mérite de cette invention.

Le physicien qui observa, le premier, la décomposition des dissolutions métalliques par la pile de Volta, réalisa une découverte d'une importance considérable pour les théories de la chimie. Il mit aux mains de la science une force nouvelle, un agent presque sans limites, pour triompher des résistances que l'affinité oppose à la décomposition des corps, et il eut la gloire de dévoiler, par ce moyen, la nature, longtemps inconnue, d'une foule de composés naturels. Mais celui qui, examinant de plus près le cuivre précipité sous l'influence des forces électriques, reconnut dans ce corps toutes les propriétés ordinaires des métaux obtenus par la fusion : la ténacité, la ductilité, l'homogénéité de structure, en un mot tous les caractères qui distinguent les métaux usuels, ce derniers fit une découverte capitale pour l'avenir de l'industrie. De cette observation, si simple en elle-même, devait résulter, dans un court intervalle, une révolution complète dans l'art de préparer les métaux et de les approprier à leurs divers usages. Grâce a cette découverte, l'art du fondeur de métaux et les travaux du ciseleur allaient être peu à peu remplacés par des procédés empruntés aux laboratoires de la chimie, et toute une classe de produits industriels ou artistiques, qui ne s'exécutent qu'au prix de peines et de soins infinis, dans les usines métallurgiques, devaient s'obtenir un jour par l'intervention lente et silencieuse de l'électricité. Volta, Brugnatelli, Cruishank, sont les savants à qui l'on doit la découverte de la décomposition des sels par le courant voltaïque, avec réduction du métal. M. Jacobi, professeur à Saint-Pétersbourg, est le physicien qui reconnut la plasticité du cuivre réduit par la pile, et qui fonda sur cette observation l'art de la galvanoplastie. L'histoire de cette découverte doit être racontée avec d'autant plus de soin, qu'elle est présentée dans tous les traités de physique et dans tous les ouvrages de technologie, d'une manière très-inexacte.

CHAPITRE PREMIER

HISTOIRE DE LA DÉCOUVERTE DE LA GALVANOPLASTIE. — TRAVAUX DE BRUGNATELLI. — OBSERVATIONS DE M. DANIELL ET DE M. DE LA RIVE. — LE PHYSICIEN RUSSE JACOBI DÉCOUVRE LA GALVANOPLASTIE EN 1837. — THOMAS SPENCER EXÉCUTE DES REPRODUCTIONS GALVANOPLASTIQUES EN ANGLETERRE, PAR LE PROCÉDÉ DE M. JACOBI ET PRÉTEND S'ATTRIBUER LE MÉRITE DE CETTE DÉCOUVERTE.

Volta avait à peine accompli, au commencement de notre siècle, la découverte de la pile électrique, qu'il observa une de ses propriétés les plus remarquables, c'est-à-dire la décomposition chimique que cet appareil fait éprouver aux substances soumises à son action. Ce physicien célèbre constata, dès l'année 1800, que la dissolution d'un sel métallique, soumise à l'influence de la pile, se trouve aussitôt réduite en ses éléments, de telle sorte que le métal vient se déposer au pôle négatif. Ce phénomène devint bientôt l'objet d'un nombre considérable d'études et d'expériences théoriques, qui devaient largement agrandir le champ de nos connaissances dans le domaine de l'électricité.

Brugnatelli, élève et collègue de Volta, qui professait la physique à l'Université de Pavie, sa ville natale, s'occupa dès la fin de l'année 1800, d'étudier l'action du courant électrique sur les dissolutions des sels métalliques. En 1801 et 1802, il publia dans un recueil scientifique italien, *Annali chimici di Pavia*, divers mémoires concernant les précipitations métalliques provoquées par l'électricité. Brugnatelli, dès l'année 1802, avait réussi à dorer l'argent au moyen de la pile, en conservant à l'or tout son brillant métallique. Nous citerons dans la seconde partie de cette notice, c'est-à-dire en parlant de la dorure électro-chimique, le texte exact des mémoires de Brugnatelli, qui renferment cette observation.

Les faits de précipitation métallique signalés par Brugnatelli, établissaient la possibilité d'obtenir des dépôts métalliques d'or et d'argent, sur le *fil conducteur* de la pile. Mais il y avait loin de là à la *galvanoplastie*, c'est-à-dire à la reproduction d'un objet par le dépôt d'une couche de cuivre plastique et malléable. Rien n'indiquait alors que la réduction des métaux par le fluide électrique, pût devenir susceptible de quelques applications dans les arts. En effet, la substance qui se déposait sur les *fils de la pile* n'avait aucun des caractères physiques qui distinguent les métaux. C'était presque toujours une poudre noire ou grise, sans cohérence, sans continuité, dépourvue d'éclat, privée de tout aspect métallique. On ne découvrit que longtemps après que, dans certaines circonstances, les métaux précipités par la voie galvanique, peuvent présenter l'éclat, la cohérence, la continuité et tous les caractères propres aux métaux obtenus par fusion. Cette observation devait donner naissance à l'art nouveau qui va nous occuper, et qui a reçu le nom, élégant et juste, de *galvanoplastie*, pour indiquer qu'il consiste à produire par le *galvanisme*, des *objets plastiques*.

La galvanoplastie aurait pu peut-être trouver son origine à l'époque de la découverte de la pile voltaïque imaginée par M. Daniell, et qui porte le nom de ce physicien. Nous avons décrit dans la notice sur la Pile de Volta[1], la pile de Daniell, qui se compose d'un vase V, contenant de l'acide sulfurique et du zinc, lesquels, par la décomposition de l'eau, produisent un dégagement de gaz hydrogène. Le gaz traversant la cloison poreuse de porcelaine D, vient réagir sur la dissolution de sulfate de cuivre contenue dans ce vase D et réduit le sulfate de cuivre à l'état de cuivre métallique :

ce cuivre se dépose sur le conducteur C, qui est formé lui-même d'un cylindre de cuivre.

Fig. 163. — Pile de Daniell.

Lorsque M. Daniell fit les premiers essais de cette nouvelle disposition de la pile, il remarqua, en enlevant un fragment de cuivre qui s'était déposé sur le cylindre de cuivre C, que les éraillures de ce conducteur de cuivre se trouvaient fidèlement reproduites sur le cuivre précipité, provenant de la décomposition du sulfate de cuivre. Cette observation aurait pu conduire à la découverte de la galvanoplastie ; mais, comme M. Daniell portait alors toute son attention sur la marche et la construction de son instrument, il ne poussa pas plus loin l'examen de ce fait.

Une remarque du même genre peut s'appliquer à M. de La Rive, qui, de son côté, eut plus tard entre les mains le fait primitif qui sert de base à la galvanoplastie, et qui, néanmoins, le laissa passer sans en soupçonner l'importance.

Peu de temps après la découverte de la pile de Daniell, M. de La Rive fît quelques expériences sur cet appareil. Dans un article inséré dans le *Philosophical Magazine*, M. de La Rive, après avoir décrit une forme particulière de la pile de Daniell, à laquelle il donne la préférence, fait l'observation suivante :

« La plaque de cuivre est recouverte d'une coucbe de cuivre à l'état métallique, qui s'y est incessamment déposée par molécules, et telle est la perfection de la feuille de métal ainsi formée, que, lorsqu'elle est enlevée, elle offre une copie fidèle de chaque éraillure de la plaque métallique sur laquelle elle reparaît. »

M. de La Rive ne semble pas avoir songé aux résultats remarquables auxquels devait conduire plus tard l'examen de ce fait, en apparence si simple. Ce n'est que dix ans après, que cette observation, faite de nouveau en Russie, et étudiée cette fois, avec toute l'attention qu'elle méritait, eut pour conséquence d'amener la création de la galvanoplastie.

Ce fut à Dorpat, en février 1837, que monsieur H. Jacobi, professeur de physique dans cette université, découvrit le fait capital de la plasticité du cuivre, qui devint l'origine de tous ses travaux sur l'électro-chimie. Il trouva imprimées sur une feuille de cuivre, qui provenait de la réduction du sulfate de cuivre dans une pile de Daniell, des raies et des éraillures qui correspondaient, avec la plus rigoureuse exactitude, à des raies et à des coups de lime semblables qui existaient sur le cylindre de cuivre servant d'élément à cette pile. Les circonstances d'un événement qui devait exercer une si grande influence sur les progrès de la physique et de la chimie, veulent être rapportées avec détails.

M. H. Jacobi s'occupait de recherches sur la pile de Daniell, appareil qui consiste, comme nous venons de le rappeler, en une dissolution de sulfate de cuivre, contenue dans un vase de porcelaine, qui est réduite par le gaz hydrogène provenant de la décomposition de l'eau, et qui a traversé une cloison de porcelaine perméable aux gaz (*fig. 163*). Dans cette pile, un cylindre de cuivre sert de conducteur négatif au courant électrique, et il plonge dans le sulfate de cuivre. En examinant le dépôt de cuivre qui s'était opéré sur le cylindre de cuivre qui formait le pôle négatif de la pile de Daniell, M. Jacobi reconnut que quelques parties de ce dépôt ne se composaient, en apparence, que de particules cristallines ; mais quand on vint à nettoyer ce cylindre, il s'en détacha des particules et des lamelles de cuivre parfaitement cohérentes.

La première pensée de M. Jacobi fut que ce résultat tenait à la mauvaise qualité du cuivre qui lui avait été fourni pour former le conducteur négatif de la pile. Il fit, à ce propos, des observations à l'ouvrier qui lui avait fourni ce métal. Ce dernier ayant repoussé avec juste raison, ce reproche, M. Jacobi examina de plus près l'objet en litige.

Fig. 164. — Jacobi découvre la plasticité du cuivre précipité par la pile.

Quelle ne fut pas sa surprise, lorsque, regardant avec beaucoup d'attention la lamelle de cuivre dont il s'agit, il reconnut sur sa face interne, des éraillures, des traces de coups de lime et de marteau, qui reproduisaient d'une manière identique des traces semblables situées à la surface extérieure du cylindre de cuivre ! Ainsi le cuivre, en se déposant lentement au sein du liquide de la pile de Daniell et sur le conducteur négatif, avait reproduit identiquement la surface extérieure de l'objet sur lequel ses molécules s'étaient appliquées,

CHAPITRE PREMIER

en s'y déposant avec lenteur[2].

Cette observation fut pour M. Jacobi un trait de lumière. Il répéta l'expérience, et parvint à reproduire, par la pile de Daniell, des plaques de cuivre recouvertes de signes et de traits, en creux et en relief. Il soumit à l'action de la pile de Daniell, des plaques de cuivre sur lesquelles il avait tracé, au burin, des figures et des caractères : la décomposition du sulfate de cuivre donna naissance à des dépôts de cuivre qui offraient, en relief, l'empreinte exacte du dessin gravé en creux sur l'original.

Par l'emploi de piles d'une faible intensité et d'un courant continu, M. Jacobi réussit bientôt à obtenir en relief l'empreinte d'une plaque de cuivre gravée au burin.

Cette plaque, premier résultat satisfaisant des travaux de M. Jacobi, fut présentée à l'Académie des Sciences de Saint-Pétersbourg, le 5 octobre 1838 (17 octobre de notre style).

Le ministre de l'instruction publique la présenta à l'empereur Nicolas, qui s'empressa de mettre à la disposition de M. Jacobi les fonds nécessaires pour poursuivre ses études. La découverte du savant académicien acquit dès lors, en Russie, un très-grand retentissement.

Poursuivant ses recherches, M. Jacobi fut conduit à une découverte qui donna aussitôt un essor immense à l'art nouveau qui venait de naître inopinément entre ses mains : il fut conduit à opérer les dépôts de cuivre, non plus dans l'intérieur de la pile de Daniell, mais en employant une pile séparée et opérant la décomposition du sulfate de cuivre dans un bain particulier. Expliquons-nous.

Lorsque M. Jacobi commença à opérer, l'objet à copier faisait lui-même partie de la pile voltaïque, il formait l'élément négatif, et plongeait dans la dissolution de sulfate de cuivre. M. Jacobi trouva que la décomposition se faisait beaucoup mieux avec une pile séparée du bain de sulfate de cuivre et dont les deux pôles plongeaient dans ce bain au moyen de ses conducteurs.

Seulement la dissolution de sulfate de cuivre s'épuisait assez vite, et il fallait lui fournir des cristaux nouveaux de sulfate de cuivre, pour que l'action pût continuer. M. Jacobi fit, en 1839, cette découverte capitale, que, si l'on attache le moule au pôle négatif, et que *l'on dispose au pôle positif une lame du métal même qui est en dissolution dans le bain*, cette lame, qui porte alors le nom d'*anode électrique soluble*, entre elle-même en dissolution dans le bain, en quantité à peu près égale à celle qui se dépose dans le moule. Si, par exemple, on opère avec une dissolution de sulfate de cuivre, et que l'on attache au pôle positif de la pile, une lame de cuivre, l'oxygène mis en liberté par la décomposition de l'eau, se porte au pôle positif : là il rencontre le cuivre et l'oxyde, c'est-à-dire le fait passer à l'état d'un composé susceptible de se dissoudre dans l'acide libre existant dans la liqueur. À mesure qu'il se fait au pôle négatif, un dépôt de cuivre, aux dépens de la dissolution saline, le cuivre attaché au pôle positif, se dissout dans le liquide, à peu près dans les mêmes proportions.

M. Jacobi découvrit ainsi l'usage des *anodes* de cuivre, qui ont rendu la galvanoplastie manufacturière et pratique.

La découverte des *anodes* exerça une influence immense sur les progrès de la galvanoplastie. Elle permit de séparer le couple voltaïque, qui engendre le courant, de l'appareil dans lequel l'empreinte s'effectue. Le procédé galvanoplastique devint ainsi plus simple, et l'opération beaucoup plus courte. Enfin on put obtenir des dépôts métalliques de toute forme et de toute dimension.

Cependant la galvanoplastie ne pouvait recevoir encore des applications bien étendues, car on ne pouvait opérer qu'avec un moule de cuivre ; les moules non métalliques ne pouvaient être employés, en raison de leur défaut de conductibilité électrique. Une nouvelle découverte de M. Jacobi permit d'effectuer les dépôts métalliques à la surface de presque tous les corps indifféremment.

M. Jacobi reconnut que les corps qui ne conduisent pas l'électricité, et qui jusque là n'avaient pu se prêter aux opérations de la galvanoplastie, peuvent recevoir le dépôt métallique, si l'on recouvre préalablement leur surface, d'une couche pulvérulente d'un corps conducteur de l'électricité. La plombagine (graphite) est la substance qui remplit le mieux cet objet.

C'est encore un hasard heureux qui mit M. Jacobi sur la voie de la découverte de l'emploi de la plombagine, pour métalliser les moules de plâtre, les rendre ainsi conducteurs, et permettre d'y effectuer les dépôts de cuivre.

M. Jacobi s'occupait à construire une pile de Daniell, destinée à faire agir le moteur électro-magnétique qu'il voulait appliquer à faire marcher un bateau sur la Néva, ainsi que nous le raconterons dans la notice sur le *moteur électrique*, qui suivra celle-ci. Avant de monter cette pile, il constatait avec soin le degré de résistance au passage de l'électricité, des vases poreux de porcelaine qu'il employait comme diaphragmes de cette pile, A mesure qu'il avait examiné et vérifié un de ces vases poreux, il marquait avec un crayon de plombagine ceux qui étaient reconnus bons d'une lettre (la lettre *g*, du motallemand *gut*, qui signifie *bon*)[3]. Ces plaques reconnues bonnes furent naturellement les seules employées à la confection des diaphragmes de la pile. Or, lorsqu'après ses expériences terminées, M. Jacobi démonta la pile, il fut surpris de trouver tous les *g* qui avaient servi à marquer les bonnes plaques poreuses, reproduits en cuivre, c'est-à-dire recouverts d'un dépôt de cuivre qui provenait de la dissolution du sulfate de cuivre de la pile. La plombagine du crayon qui avait servi à faire ces marques, avait rendu, en ces points, la terre poreuse conductrice de l'électricité, et avait permis ce dépôt.

Cette nouvelle découverte, faite en 1839, par M. Jacobi, permit à ce physicien d'employer, comme moule galvanoplastique, une substance quelconque non conductrice, comme le plâtre, la cire à cacheter, etc., en ayant la précaution de rendre l'intérieur de ce moule, conducteur de l'électricité, par une couche de plombagine en poudre.

M. Bocquillon fit, dit-on, à la même époque, la même découverte, en France, c'est-à-dire employa la plombagine en poudre pour rendre conducteur des moules de plâtre ou de cire à cacheter.

On put, dès ce moment, au lieu d'opérer uniquement sur un moule métallique, se procurer des empreintes de plâtre des objets à reproduire, et effectuer le dépôt sur ces moules rendus conducteurs par la plombagine.

Ce dernier résultat une fois obtenu, la galvanoplastie put recevoir des applications variées et étendues.

Le plâtre et la cire à cacheter sont les seules substances qui aient d'abord servi à la confection des moules galvanoplastiques. On a découvert ensuite dans la gélatine, coulée à chaud et retirée du moule après le refroidissement, une matière plastique se prêtant très-heureusement à cet objet, par la fidélité avec laquelle elle conserve l'empreinte des objets à reproduire, et par son élasticité, qui permet de retirer le moule sans la déchirer. Enfin une dernière substance, bien supérieure aux précédentes, la *gutta-percha*, a été appliquée à la confection des moules galvanoplastiques. Cette matière, qui se ramollit par la chaleur, est appliquée à chaud sur l'objet, dont elle reproduit tous les détails avec une fidélité étonnante. Après le refroidissement, on détache sans difficulté le moulage de l'original.

La gutta-percha est à peu près la seule matière plastique employée aujourd'hui pour la confection des moules dans la galvanoplastie ; c'est de la découverte de l'emploi de cette substance que date l'essor immense qu'a pris la galvanoplastie industrielle.

Nous ajouterons, pour terminer cette histoire de l'invention de la galvanoplastie, que cet art qui a rendu à l'industrie des services si étendus, qui a contribué, de nos jours, à donner une si vive impulsion à la sculpture, à la gravure et à la typographie, a reçu tout à la fois en Russie sa naissance, ses perfectionnements et ses premières applications. L'empereur Nicolas comprit très-vite l'importance de cette invention. Il acheta pour la somme de 25 000 roubles (101 250 francs) le brevet d'invention qu'avait pris en Russie M. Jacobi. Le gendre de l'empereur Nicolas, le duc de Leuchtemberg, cher à la France, comme petit-fils de l'impératrice Joséphine, fit établir en Russie une usine de galvanoplastie, où les procédés de M. Jacobi furent appliqués sur une échelle considérable. L'*Institut galvanoplastique* du duc de Leuchtemberg était une manufacture qui occupait jusqu'à 2 500 ouvriers, et que le gouvernement russe entretenait à peu près comme le fait le gouvernement français pour la manufacture de porcelaines de Sèvres. Plusieurs églises russes sont remplies de statues en cuivre et de grandes pièces de fonte et de fer, telles que colonnes, tabernacles, toitures, etc., dorées par la pile, et qui provenaient de l'*Institut galvanoplastique* du duc de Leuchtemberg. La coupole intérieure de l'église Saint-Isaae, à Saint-Pétersbourg, est décorée de douze statues, de trois mètres de haut chacune, qui ont été exécutées en 1830, dans cet établissement. À la mort du duc de Leuchtemberg, cette manufacture a passé entre les mains de l'industrie privée, et elle continue aujourd'hui sa fabrication.

CHAPITRE PREMIER

Nous ferons une dernière remarque en terminant ce chapitre.

Tous les auteurs de traités de physique et de chimie, ainsi que tous les ouvrages consacrés aux procédés électro-chimiques, publiés tant en France qu'en Angleterre, font une part beaucoup trop faible à M. Jacobi dans l'invention de la galvanoplastie. On lit dans ces divers ouvrages, que la galvanoplastie fut découverte *simultanément* par M. Jacobi, à Saint-Pétersbourg, et par M. Spencer à Liverpool. C'est très-injustement que le physicien russe a été privé jusqu'ici de l'honneur exclusif qui doit lui revenir. M. Spencer, dont le nom était totalement inconnu dans la science à cette époque, et qui n'a pas fait davantage parler de lui ensuite comme savant, ne fit que mettre en pratique, en Angleterre, les procédés que M. Jacobi venait de communiquer à l'Académie des Sciences de Saint-Pétersbourg, et que les recueils anglais avaient publiés. Il appliqua la méthode décrite par M. Jacobi, à la reproduction de médailles et de monnaies. Cette imitation extraordinairement fidèle d'objets de tout genre par un procédé électro-chimique, excita vivement la curiosité publique en Angleterre. M. Spencer prétendit alors avoir fait cette découverte en même temps que M. Jacobi, et sans avoir eu connaissance des travaux du physicien de Saint-Pétersbourg. Mais la date des journaux anglais qui publièrent les mémoires de M. Jacobi, suffira pour rétablir la vérité sur ce point, et prouver que M. Spencer n'exhiba des médailles galvanoplastiques que sept mois après la présentation du mémoire de M. Jacobi à l'Académie de Saint-Pétersbourg.

Fig. 165. — H. Jacobi, inventeur de la galvanoplastie.

Louis Figuier

C'est le 9 octobre 1838 (21 octobre de notre style) que la découverte de M. Jacobi fut communiquée à l'Académie des sciences de Saint-Pétersbourg, par son secrétaire perpétuel, M. Fuss. Sept mois après, deux recueils périodiques, chargés de tenir le public anglais au courant des travaux et des découvertes scientifiques étrangères, le *Mechanic's Magazine* et le *Philosophical Magazine*, publièrent une lettre de M. Jacobi, adressée à M. Faraday, datée du mois de juin 1839, qui renferme la description de ses procédés galvanoplastiques. M. Jacobi donnait dans cette lettre, tous les détails du procédé qu'il avait imaginé pour reproduire des objets de cuivre par un seul couple voltaïque.

M. Spencer, avant l'année 1839, n'avait pas publié une seule ligne qui fît soupçonner qu'il s'occupât de recherches de ce genre. Ce n'est qu'en juin 1839, c'est-à-dire sept mois après la présentation du travail de M. Jacobi, à l'Académie des sciences de Saint-Pétersbourg, et après la publication de la lettre de M. Jacobi à M. Faraday dans le *Mechanic's Magazine*, qu'il exhiba, à Liverpool, des reproductions galvanoplastiques.

Ces dates suffisent pour rétablir les droits du véritable inventeur, et dissiper une erreur qui a été accréditée trop longtemps.

La découverte de la galvanoplastie donna une grande notoriété scientifique au nom du professeur de Saint-Pétersbourg. Tous ceux qui connaissent l'histoire des sciences mathématiques à notre époque, savent que le frère de ce savant, Charles-Jacques Jacobi, professeur à Kœnigsberg et à Berlin, associé de l'Académie des sciences de Paris, mort à Berlin en 1851, s'est illustré par des découvertes mathématiques de l'ordre le plus élevé. On a souvent confondu, ces deux savants, on les a souvent pris l'un pour l'autre. Il arrivait plus d'une fois que, s'adressant au mathématicien Charles-Jacques Jacobi, on lui disait :

« Vous êtes le frère de M. Jacobi de Saint-Pétersbourg, l'inventeur de la galvanoplastie ! »

Et ce dernier, dont la célébrité primait, il le croyait du moins, celle du physicien de Saint-Pétersbourg, répondait :

« Non, c'est M. Jacobi de Saint-Pétersbourg qui est mon frère. »

Cependant, dans un voyage qu'il fit en Italie, pays peu familiarisé encore avec le progrès des sciences mathématiques, le géomètre put se convaincre qu'il était infiniment moins connu que son frère le physicien. Partout on le saluait du nom d'inventeur de la galvanoplastie, et on l'honorait comme tel. Il dut alors s'avouer de bonne grâce le frère du physicien de Saint-Pétersbourg.

Le Conseil supérieur du jury de l'Exposition universelle de 1867, a mis en lumière les droits de M. Jacobi comme inventeur de la galvanoplastie, en décernant à ce savant l'une des douze récompenses hors ligne dont elle disposait.

CHAPITRE II

DESCRIPTION DES APPAREILS EMPLOYÉS DANS LA GALVANOPLASTIE. — L'ÉLECTROTYPE DE SMÉE ET L'APPAREIL DIT COMPOSÉ. — APPAREILS INDUSTRIELS POUR LES REPRODUCTIONS GALVANOPLASTIQUES.

On se propose, dans la galvanoplastie, d'obtenir, à l'aide de la pile voltaïque, sur un objet donné, la précipitation d'un métal dissous dans un liquide, de manière à obtenir à la surface de cet objet, une couche continue, qui reproduise tous les détails du modèle.

Donnons d'abord la description des appareils en usage pour les opérations de la galvanoplastie ; nous décrirons ensuite ces opérations elles-mêmes, et nous passerons enfin en revue la nombreuse série des applications qu'elles ont reçues.

Aux débuts de la galvanoplastie on se servait, pour opérer le dépôt de cuivre, d'un appareil que l'on appelait *électrotype de Smée* et dans lequel l'objet à reproduire faisait lui-même partie du couple voltaïque. C'était un appareil très-insuffisant, et qui n'était guère utile qu'au point de vue de la théorie, car, dans la pratique, il fonctionnait très-mal. Cependant, comme il existe dans les cabinets de physique, comme il est décrit dans tous les ouvrages élémentaires de physique, et qu'on l'exhibe dans tous les cours publics, nous ne pouvons nous dispenser de le signaler.

L'*électrotype de Smée* est formé d'un vase de verre contenant du sulfate de cuivre dissous dans l'eau. Au centre de ce premier vase, se trouve un second vase de porcelaine, qui plonge dans le liquide, et contient de l'acide sulfurique étendu de 12 à 15 fois son poids d'eau ; ce vase est fermé à sa partie inférieure par un morceau de vessie. On place dans l'acide sulfurique une lame de zinc, que l'on fait communiquer, au moyen d'un fil de cuivre, avec le moule qui se trouve déposé au fond du vase de verre renfermant la dissolution de sulfate de cuivre. Le couple voltaïque, engendré par le contact du cuivre et du zinc, donne naissance à un courant électrique faible et continu, qui provoque lentement et graduellement, la précipitation du métal. Le cuivre réduit vient se déposer peu à peu dans le moule placé au pôle négatif, et au bout de quelques jours il produit, en se modelant sur les diverses inégalités de sa surface, une couche métallique qui est la contre-épreuve parfaite de l'original. Comme la dissolution de sulfate de cuivre s'épuise au fur et à mesure de la réduction du sel, on l'entretient à un degré constant de saturation, en ajoutant de temps à autre à la liqueur de nouveaux cristaux de sulfate de cuivre.

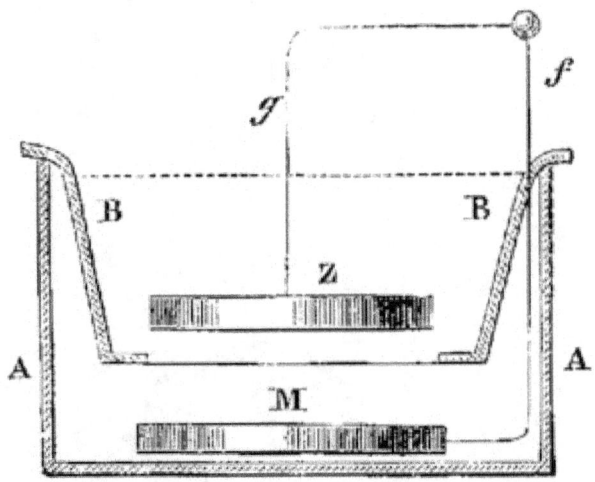

Fig. 166. — Coupe de l'électrotype de Smée.

La figure 166 donne une coupe de l'appareil galvanoplastique qui vient d'être décrit. AA est le premier vase contenant la dissolution de sulfate de cuivre ; le moule M est placé au fond de ce vase. Ce moule est attaché à un fil de cuivre *f* qui sort du liquide pour venir se réunir à un deuxième fil *g*, lequel supporte la lame de zinc Z, plongée elle-même dans l'acide sulfurique affaibli, qui remplit le second vase BB. Ce vase BB est fermé, comme nous l'avons dit, à sa partie inférieure, par un morceau de vessie qui sépare les deux liquides. Le zinc, se dissolvant dans l'acide sulfurique étendu d'eau, dégage de l'électricité, et cette électricité, passant par le fil *gf* (zinc et cuivre), va décomposer la dissolution de sulfate de cuivre placée dans le vase AA ; le cuivre, précipité par l'action du courant, se dépose au pôle négatif de la pile. Or, comme le moule M est attaché à ce pôle négatif, c'est sur ce moule que s'effectue le dépôt de tout le cuivre réduit ; il se trouve ainsi peu à peu recouvert et enveloppé dans toutes ses parties, par le dépôt métallique.

Fig. 167. — Électrotype de Smée.

La figure 167 représente l'ensemble de l'*électrotype de Smée* dont nous venons de faire connaître les éléments théoriques. Sur un vase cylindrique en cristal A, rempli d'une dissolution de sulfate de cuivre, et fermé par un couvercle de bois D, s'élève une espèce de potence, C, à deux trous, munis chacun d'une vis de pression. Le couvercle de bois D, est percé à son centre d'une ouverture, dans laquelle passe et se trouve supporté un manchon de verre, B, ouvert par le haut et fermé par le bas, au moyen d'un morceau de vessie. On place l'objet à reproduire sur un plateau E, plongeant dans le sulfate de cuivre, et attaché, au moyen d'un conducteur recourbé, à l'un des trous de la potence. Un autre conducteur recourbé supporte le zinc Z, plongé dans l'acide sulfurique étendu, contenu dans le vase supérieur.

La médaille à reproduire et le zinc qui entre dans la composition de la pile sont ainsi placés en regard l'un de l'autre, séparés par la membrane.

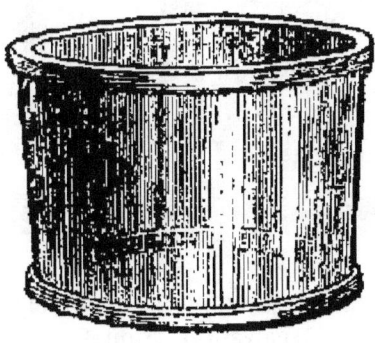

Fig. 168. — Manchon de verre et vessie obturatrice de l'électrotype de Smée.

La figure 168 montre séparément le manchon de verre avec la vessie qui ferme inférieurement ce vase.

Cet appareil, dont la manœuvre était longue et difficile, est aujourd'hui abandonné. Nous le mentionnons ici, parce que nos lecteurs seront peut-être bien aises de le faire fonctionner comme objet de récréation scientifique, et pour faire par eux-mêmes des reproductions de médailles.

Mais pour se livrer, dans un laboratoire d'amateur, à la reproduction de médailles et d'objets quelconques de galvanoplastie, le meilleur moyen est de faire usage d'une pile séparée du bain, ou de ce qu'on appelle quelque fois *appareil composé*, pour indiquer que, dans cette disposition, le courant se produit en dehors de la liqueur à décomposer. L'électricité, produite par une pile séparée, est amenée, par un fil conducteur, à l'intérieur du bain de sulfate de cuivre. Le moule est attaché au pôle négatif de la pile.

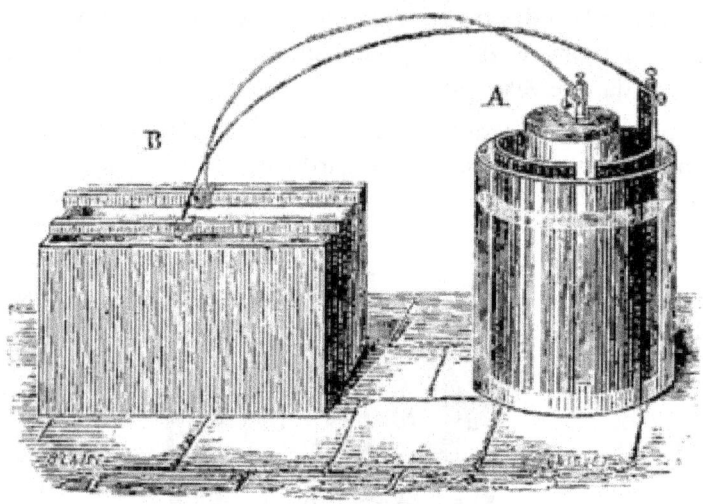

Fig. 169. — Appareil composé servant aux reproductions galvanoplastiques.

La figure 169 représente cet appareil. A est un couple de la pile de Bunsen. Un seul couple suffit à l'effet que l'on veut produire. B est le vase dans lequel s'effectue le dépôt métallique. Le moule est attaché au pôle négatif de la pile.

On attache au pôle positif de la pile plongeant dans la liqueur, un *anode*, c'est-à-dire une lame de cuivre si l'on opère sur un bain de cuivre, une lame d'argent si l'on agit sur un sel d'argent. Le métal attaché au pôle positif se dissout au fur et à mesure que marche l'opération, en quantité à peu près égale à celle qui se trouve réduite par le courant.

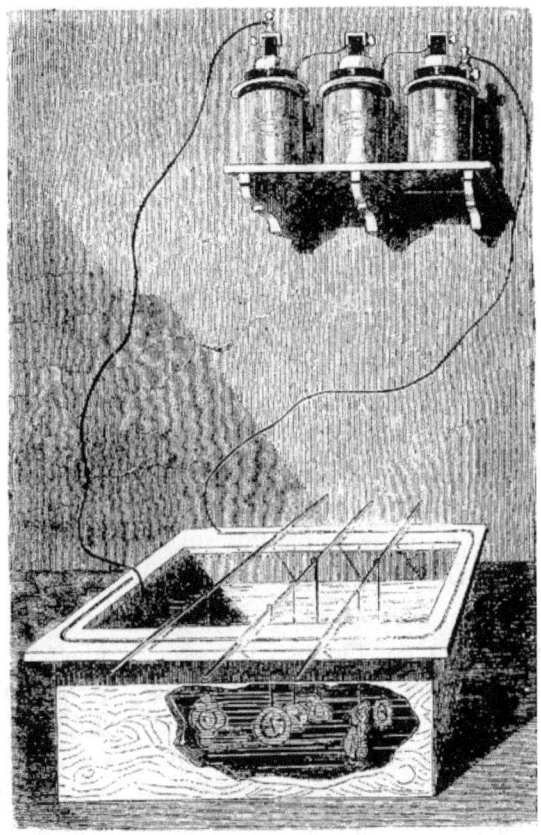

Fig. 170. — Appareil composé employé dans l'industrie
galvanoplastique.

Nous représentons (*fig.* 170) *l'appareil composé* en usage dans
l'industrie galvanoplastique. Le moule à recouvrir est attaché par
le fil même de la pile, au pôle négatif, qui plonge dans la dissolution de sulfate de cuivre, acidulée par un peu d'acide sulfurique.
Au conducteur positif, est attachée une lame à peu près de la
même dimension que l'objet à recouvrir de cuivre, et que l'on dispose parallèlement au moule. C'est *l'anode* de cuivre qui, d'après
ce que l'on sait déjà, étant attaché au pôle positif, doit se dissoudre
dans le bain et remplacer au fur et à mesure le cuivre réduit qui
se dépose au pôle négatif. Il est bien entendu que le moule a été

préalablement rendu conducteur de l'électricité, s'il ne l'est pas par lui-même.

Dès que l'électricité pénètre à l'intérieur du bain, le dépôt de cuivre commence, et l'on peut suivre des yeux les progrès de la précipitation, en retirant de temps en temps le moule de la dissolution de sulfate de cuivre.

La galvanoplastie par les piles séparées des bains, est une opération très-facile, très-intéressante, et que nous engageons nos lecteurs à exécuter de leurs mains. Cependant elle se pratique rarement dans l'industrie ; ce moyen serait trop coûteux et trop lent. En outre, l'*anode* soluble de cuivre est d'un emploi très-difficile. Ce n'est que dans le *procédé Lenoir*, qui sert à obtenir les *rondes-bosses*, et que nous décrirons en son lieu, que l'on est forcé de faire usage d'une pile séparée du bain. Mais, hors ce cas particulier, les dépôts galvanoplastiques s'obtiennent toujours en faisant naître le courant électrique au sein même du bain de sulfate de cuivre, c'est-à-dire en formant ce que nous nommions plus haut un *appareil simple*[4].

Le sulfate de cuivre est placé dans une grande cuve de gutta-percha reposant sur le sol. Quant à l'appareil producteur d'électricité, il consiste en une série de godets de terre perméable aux gaz, contenant de l'acide sulfurique étendu et un cylindre de zinc : Sous l'influence de l'acide sulfurique, l'eau est décomposée par le zinc : il se forme du sulfate de zinc, qui reste dissous dans les godets, et le gaz hydrogène, traversant la substance du godet de porcelaine, qui laisse passer les gaz et retient les liquides, va décomposer le sulfate de cuivre, réduire l'oxyde, et rendre libre le métal, qui se dépose dans le moule préalablement attaché au fil négatif de cette sorte de pile de Daniell.

La figure 171 représente l'appareil industriel pour les opérations galvanoplastiques. Cet appareil n'est autre chose, en effet, qu'une sorte de pile de Daniell, dont on aurait singulièrement agrandi le vase à sulfate de cuivre. Au milieu d'une cuve de bois, doublée de gutta-percha à l'intérieur, et contenant une dissolution saturée à froid de sulfate de cuivre, se trouve suspendue une rangée de godets contenant de l'acide sulfurique étendu et un cylindre de zinc. Tous ces cylindres de zinc communiquent avec une tringle de cuivre AB, sur laquelle ils sont fixés, par des vis métalliques qui établissent la communication de l'électricité positive développée par tous les zincs. Cette électricité positive s'écoule dans le sol par la caisse de bois. Les objets à cuivrer E sont suspendus au milieu du bain à une tringle CD, qui forme le pôle négatif de cette sorte de pile. L'hydrogène, traversant les godets poreux, vient réduire le sulfate de cuivre, et le cuivre se dépose sur l'objet attaché au pôle négatif.

Fig. 171. — Appareil simple employé dans l'industrie galvanoplastique.

Sur les quatre côtés de la cuve sont de petites boîtes, F, G, pleines de cristaux de sulfate de cuivre, et plongeant dans la dissolution saline, afin de rendre à cette dissolution la quantité de sulfate de cuivre qui lui est enlevée à chaque instant par le dépôt de cuivre. L'eau dissout les cristaux et maintient ainsi la dissolution à l'état saturé.

On peut, dans une même cuve, placer deux rangées de godets, au lieu d'une seule, et doubler ainsi la quantité de cuivre déposé. Il faut alors employer deux tringles de support et placer les objets à cuivrer dans l'intervalle de ce double système. La figure 173 représente cette disposition.

Fig. 173. — Autre appareil simple employé dans l'industrie
galvanoplastique.

Si l'objet à recouvrir, au lieu de présenter une surface plane, est de
forme arrondie, comme un buste ou une statuette, on donne à la
cuve la forme d'un baquet circulaire. On place les godets à la cir-
conférence de la cuve, et l'objet à reproduire est suspendu au centre
de l'espace vide, comme le montre la figure 172.

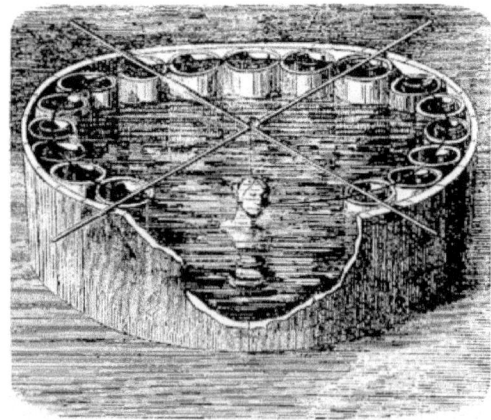

Fig. 172. — Cuve circulaire pour les reproductions
galvanoplastiques.

« Quelle que soit la forme de l'objet, dit M. Roseleur dans son ouvrage sur les *Manipulations hydroplastiques*, il faut avoir soin de le retourner de temps à autre pour que les parties supérieures deviennent à leur tour les inférieures, car les portions les plus profondes du bain sont celles qui donnent le dépôt le plus abondant, ce qui s'explique par la différence de densité des couches plus ou moins chargées de sulfate. Une solution peut être en effet très-appauvrie à la surface, tandis que le fond est encore saturé ; c'est la raison qui fait placer les sacs ou paniers à sulfate à la partie supérieure du liquide, au lieu de mettre un excès de cristaux dans le fond[5]. »

Quand le dépôt est terminé, ce qui exige un temps variable selon la dimension des pièces, on retire le moule du bain, et l'on sépare le dépôt de ce moule, dont il reproduit avec une fidélité étonnante les vides, les reliefs et toutes les particularités.

CHAPITRE III

PRÉPARATION DES MOULES DESTINÉS A RECEVOIR LE DÉPÔT DE CUIVRE. — MOULAGE À LA GUTTA-PERCHA, À LA STÉARINE, À LA GÉLATINE, AU PLÂTRE, AU CAOUTCHOUC ET AU MÉTAL FUSIBLE.

Après la description des appareils qui servent à opérer le dépôt de cuivre, nous avons à parler de la manière d'obtenir les moules dans lesquels ce dépôt s'effectue.

L'objet lui-même peut servir quelquefois à la reproduction galvanoplastique ; mais ce cas est fort rare. Pour prendre une empreinte galvanoplastique, on n'agit pas, en général, sur l'objet lui-même, qui courrait le risque d'être détérioré par son séjour dans les liqueurs acides ; on en prend un moule, sur lequel on opère la reproduction.

Les moules employés sont faits avec un métal, ou avec une substance plastique, que l'on rend conductrice de l'électricité en la recouvrant d'une légère couche de plombagine.

La substance plastique la plus employée, c'est la gutta-percha. Viennent ensuite, la gélatine, la stéarine et le plâtre. Si l'on se sert d'un moule de plâtre, comme l'eau du bain de sulfate de cuivre le pénétrerait, il faut, avant de le placer dans ce bain, le rendre imperméable à l'eau, en le plongeant dans la stéarine fondue. On étend ensuite sur la surface intérieure du moule, à l'aide d'un pinceau, une couche de plombagine destinée à la rendre conductrice. Les moules de gutta-percha, qui sont aujourd'hui presque exclusivement employés dans l'industrie électro-chimique, étant absolument imperméables à l'eau, sont simplement *métallisés*, c'est-à-dire rendus conducteurs par la plombagine pulvérisée.

Les substances qui peuvent servir à la confection des moules, ont présenté longtemps un obstacle sérieux dans les opérations galvanoplastiques. La cire à cacheter ou le plâtre, que l'on rendait préalablement conducteurs de l'électricité par une légère couche de plombagine pulvérisée, furent les seules substances dont on se servit au début. Mais le plâtre ne traduit pas avec une fidélité suffisante les reliefs très-délicats du modèle ; il ne pouvait servir que pour les objets d'une reproduction facile, tels que les médailles, les timbres, etc. Comme il est perméable à l'eau, il faut l'imprégner d'un corps gras qui l'empêche d'absorber l'eau, toutes circonstances qui allongent et compliquent les opérations. La stéarine et la gélatine, moulées à chaud et arrachées du moule après le refroidissement, ont remplacé plus tard ces deux matières avec avantage. Enfin la *gutta-percha*, dont l'emploi est plus récent, vint fournir à la galvanoplastie une substance qui répond parfaitement à tous ses besoins.

C'est du jour où la gutta-percha fut introduite dans les ateliers de la galvanoplastie, que date l'essor considérable qu'a reçu cette industrie. On sait que la gutta-percha se ramollit par la chaleur ; ainsi ramollie, on l'applique sur l'objet à reproduire, et la pression fait pénétrer cette matière, éminemment plastique, dans tous les creux du modèle. Après le refroidissement, son élasticité permet de l'arracher du moule, en conservant toute la fidélité et la délicatesse de l'empreinte formée. Ainsi préparé, le moule de gutta-percha est rendu conducteur de l'électricité, en le recouvrant, à l'aide d'un pinceau, de plombagine en poudre. Il ne reste plus, pour obtenir sa reproduction, qu'à le plonger dans le bain électro-chimique. Pour établir la communication entre le moule et le pôle négatif de la pile, on entoure le moule d'une bande de cuivre ou de plomb.

La préparation des moules étant une des opérations fondamentales de la galvanoplastie, il importe de la faire bien connaître.

Louis Figuier

Nous allons donc décrire les différentes manières de préparer les moulages avec la gutta-percha, la stéarine, le plâtre, la gélatine et le métal fusible.

Le moulage à la gutta-percha, presque exclusivement employé aujourd'hui, dans les ateliers, se fait de deux manières différentes, selon la nature de la substance sur laquelle on opère. On moule 1° par la *presse* ; 2° par le *pétrissage*.

Moulage à la presse. — Sur la plate-forme d'une presse ordinaire, à vis de fer, on dispose bien horizontalement, l'objet dont on veut prendre l'empreinte, et que l'on a légèrement recouvert de plombagine en poudre, pour le rendre conducteur, et on l'entoure d'un cadre de fer, qui forme comme un des côtés d'une boîte, dont l'objet à mouler serait le fond. On prend ensuite un bloc de gutta-percha, d'une épaisseur double de celle du modèle dont on veut prendre l'empreinte, et on le coupe de manière à le faire entrer exactement dans le cadre de fer. On présente ensuite ce bloc de gutta-percha à un feu vif, et on le laisse se ramollir jusqu'aux deux tiers environ de son épaisseur, en ayant soin de le malaxer continuellement entre les doigts, pour éviter que la gutta-percha ne se liquéfie. Quand il est chauffé au degré convenable, on l'introduit dans le cadre de fer, et on l'applique, par sa face ramollie, sur l'objet dont on veut prendre le moule. Par-dessus le tout, on place une plaque de gutta-percha solide, qui entre exactement dans le cadre de fer. Faisant alors descendre la vis de la presse, on serre d'une manière lente et ménagée, en augmentant la pression à mesure que la gutta-percha se refroidit, et devient plus résistante (*fig.* 174). Prise entre la plate-forme de la presse et l'objet à mouler, la gutta-percha pénètre dans les plus petits détails de cet objet, et produit de véritables merveilles. Des planches d'acier, aux plus fines tailles, se reproduisent ainsiavec une exactitude et un fini prodigieux.

Pétrissage. — Il est certains objets qui ne pourraient supporter la chaleur sans se détériorer : tels sont le soufre, le bois, la cire, le carton-pierre, etc. Il faut alors opérer comme il suit :

On chauffe devant un foyer un bloc de gutta-percha, jusqu'à ce qu'il soit à l'état de pâte demi-fluide, puis on applique cette matière pâteuse sur l'objet à mouler, préalablement entouré d'un cadre ou d'un cercle de fer. Ensuite, avec les doigts huilés, on pétrit la gutta-percha sur le moule, et par la pression on la force à pénétrer, dans tous ses détails. On ne cesse ce pétrissage que lorsque la matière, s'étant totalement refroidie, ne cède plus à la pression de la main (fig. 174).

Fig. 174. — Préparation des moules destinés à la galvanoplastie (pétrissage et moulage à la presse).

Ce dernier procédé est le plus employé, tant par les amateurs, que par les ouvriers des ateliers de galvanoplastie.

Quel que soit le procédé de moulage à la gutta-percha qui ait été suivi, il faut, pour retirer l'objet du moule, certaines précautions. On commence par se débarrasser, avec un instrument tranchant, des portions de gutta-percha inutiles ; puis on tire lentement sur la gutta, pour l'extraire de l'objet auquel elle adhère. On a eu soin, avant de mouler, de faire quelques indications, ou *repères* du sens des anfractuosités et des saillies de l'objet, afin de ne pas déchirer la gutta-percha en tirant à contre-sens.

Bien que la gutta-percha soit la substance presque exclusivement employée pour les moulages destinés à la galvanoplastie, le plâtre, la stéarine, la gélatine, le caoutchouc et le *métal fusible* sont en usage pour des cas particuliers.

Le *plâtre*, qui a été l'une des premières matières consacrées au moulage, est une des plus incommodes. Quoi qu'il en soit, voici comment on s'en sert : On recouvre l'original de plombagine en poudre, et on l'entoure, si c'est une médaille, d'un cercle de carton ou de plomb en feuille, de manière à en faire comme une espèce de boîte. On prend un peu de plâtre de mouleur, que l'on gâche avec une quantité d'eau suffisante, et l'on applique promptement cette bouillie sur l'original, au moyen d'un pinceau. Cette première couche étant appliquée avec soin, on verse dans le moule le reste de la bouillie de plâtre, jusqu'à épaisseur suffisante, et on laisse prendre. En quelques minutes le plâtre s'est durci : on détaché la galerie de carton ou de plomb, et l'on sépare avec précaution le plâtre durci, qui porte l'empreinte exacte de l'original.

L'inconvénient du plâtre employé à former les moules galvanoplastiques, c'est qu'il absorbe l'eau, quand on le place dans le bain de sulfate de cuivre, ce qui oblige de le rendre imperméable au liquide, au moyen d'un corps gras. C'est ce qui fait préférer au plâtre, la stéarine, la gélatine, ou le *métal fusible*, sans parler de la gutta-percha.

La *stéarine* s'emploie comme le plâtre ; seulement il faut la faire fondre au bain-marie, et la couler sur l'objet, *au moment où elle va se figer.* Quand la stéarine est trop sèche, elle peut se cristalliser dans le moule, et ces cristaux nuisent à la beauté du moulage : il faut alors l'additionner de quelques gouttes d'huile d'olive ou de suif. Si, au contraire, la stéarine est trop grasse, c'est-à-dire mal débarrassée de l'oléine, produit liquide du suif, il faut la durcir par l'addition d'un peu de cire ou de blanc de baleine.

Les moules de stéarine ne donnent pas une reproduction parfaitement rigoureuse de l'original, parce que cette matière éprouve un retrait par le refroidissement. Il faut donc la rejeter quand on veut des reproductions mathématiquement exactes.

La *gélatine* est peut-être supérieure à la gulta-percha par la facilité avec laquelle elle pénètre dans les détails les plus fins du modèle, et peut être retirée après sa solidification, par suite de sa prodigieuse élasticité et de sa souplesse. Elle n'a que l'inconvénient d'exiger un dépôt très-rapide.

Pour mouler à la gélatine, on prend des feuilles de belle colle de poisson (ichthyo-colle) ; on les fait tremper vingt-quatre heures dans l'eau froide ; puis on les retire de l'eau, on les égoutte et on les place dans un bain marie (le *pot à colle forte* des menuisiers). La matière fond, en une sorte de sirop, que l'on coule sur l'objet à mouler, préalablement garni d'un rebord de carton ou de feuille de plomb. Au bout de douze heures, on effectue la séparation du moule.

Quand ils n'ont pas été préparés avec les soins nécessaires, les moules de gélatine ont l'inconvénient de s'altérer, de se laisser pénétrer par l'eau du bain de sulfate de cuivre. C'est là un inconvénient radical, et qui n'a pas encore été suffisamment prévenu par les divers moyens d'*imperméabilisation*, que les praticiens ont essayés. Ces moyens consistent surtout à mouiller le moule de gélatine avec une dissolution aqueuse de bichromate de potasse, et mieux avec un blanc d'œuf, qui forme une première couche sur laquelle on verse ensuite la dissolution de bichromate de potasse : il faut exposer le tout au soleil, pour former une couche albumineuse entièrement inattaquable par l'eau du bain.

Le *caoutchouc* est une substance qui pourrait fournir de très-bons résultats pour les moulages galvanoplastiques, et qui pourtant est rejetée de l'usage qui nous occupe.

Terminons cette description par le moulage au *métal fusible*. L'emploi d'un métal comme moule galvanoplastique, aurait le grand avantage d'assurer une excellente conductibilité ; mais on y a rarement recours, soit par la difficulté d'obtenir un alliage fusible bien homogène, soit parce que les moules métalliques sont sujets à contenir des bulles d'air ou à présenter une texture cristalline.

M. Roseleur, dans son ouvrage sur les *Manipulations hydroplastiques*, donne les formules suivantes pour obtenir des alliages fusibles à différents degrés de température.

Alliage fusible à 100° centigrades :

Plomb pur	2	parties en poids
Étain	3	—
Bismuth	5	—

Alliage fusible de 80 à 90° :

Plomb pur	5	parties en poids
Étain	3	—
Bismuth	8	—

Alliage fusible à 70° :

Plomb pur	2	parties en poids
Étain	3	—
Bismuth	5	—
Mercure (vif-argent)	1	—

Alliage fusible à 53° :

Plomb pur	5	parties en poids
Etain	3	—
Bismuth	5	—
Mercure	2	—

Pour mouler avec l'alliage fusible, la meilleure manière est la suivante, selon M. Roseleur.

On place la médaille (car c'est surtout à la reproduction des médailles que ce moyen s'applique) au fond d'une petite boîte de tôle mince ou de cuivre, on entoure la moitié de son épaisseur avec du plâtre et on place sur la pièce une quantité suffisante d'alliage fusible froid. On chauffe ensuite le tout, et quand le métal est fondu, on laisse refroidir. En sortant de la boîte le métal et la pièce, il est facile de séparer cette dernière par la prise que laisse la partie de l'exergue qui a été protégée par le plâtre.

Après avoir parlé des différents systèmes de moulage employés dans la galvanoplastie, nous pouvons ajouter que quelquefois on se passe complètement de moule, l'objet lui-même recevant directement le dépôt métallique.

Nous avons vu dans les ateliers de galvanoplastie de MM. Christofle, à Paris, des *corbeilles d'osier* servant à recevoir le dépôt de cuivre, et qui, sans autre préparation qu'une légère couche de plombagine pour les rendre conductrices, sont plongées dans le bain, et se couvrent de cuivre. Ces corbeilles sont ensuite argentées par la pile, et forment un élégant ornement des tables.

En recouvrant de cuivre, par les mêmes procédés, des fruits, des légumes, des feuilles, des graines et d'autres produits naturels, on peut obtenir quelques objets curieux en ce qu'ils conservent et traduisent exactement la forme et tous les détails les plus fins de l'original recouvert de cuivre. Pour reproduire, par exemple, une pomme, une poire, une feuille d'arbre, etc., on frotte le fruit avec de la plombagine, et l'on enfonce vers la queue ou vers le germe, une petite épingle ; on réunit cette épingle à un fil communiquant avec la pile, et l'on place le fruit dans la dissolution de sulfate de cuivre. Le cuivrage étant achevé, on retire l'épingle, qui laisse un petit trou par où les sucs du fruit peuvent s'évaporer.

Disons cependant que ces espèces de cuivrages sont d'une parfaite inutilité, et ne sont guère propres qu'à donner la mesure de la perfection et de la délicatesse des opérations galvanoplastiques. Nous nous souvenons d'avoir vu, dans le vestibule de l'Institut, en 1854, un spécimen assez curieux des produits de cet art singulier. M. Soyer avait réussi à envelopper le cadavre d'un enfant nouveau-né d'une couche de cuivre. Bien que le résultat fût merveilleux de réussite, c'était un spectacle assez hideux.

Dans cette *métallisation sur nature*, il y aurait, si nous osons le dire, un moyen d'élever aux grands hommes, à la fois un tombeau et une statue d'une ressemblance authentique !

CHAPITRE IV

GALVANOPLASTIE EN ARGENT ET EN OR.

Ce n'est pas seulement avec le cuivre que l'on opère des dépôts galvanoplastiques, c'est-à-dire des précipitations, avec épaisseur de métal, constituant des pièces avec reliefs et saillies, et non un simple revêtement, comme pour l'argenture et la dorure. La galvanoplastie en argent et en or doit donc maintenant nous occuper.

Les composés chimiques qui peuvent se prêter à la décomposition par la pile voltaïque, ne sont pas aussi simples pour l'or et l'argent, que pour le cuivre. Il suffit d'une dissolution de sulfate de cuivre pour obtenir des dépôts de cuivre par la pile ; mais pour l'or et l'argent, ces sels simples ne peuvent être employés, car le sulfate d'or n'est pas connu et le sulfate d'argent n'existe pas. Le chlorure d'or et l'azotate d'argent, sels solubles de ces deux métaux, n'ont pas donné de résultat au point de vue de la galvanoplastie. Il faut donc avoir recours à des sels doubles solubles de ces métaux. On fait usage de cyanures d'or et d'argent dissous dans du cyanure de potassium.

M. Roseleur donne les formules suivantes pour composer un bain destiné à la galvanoplastie d'argent :

Eau distillée	1	litre.
Cyanure de potassium	200	grammes.
Azotate d'argent fondu	75	grammes.

Le bain d'or pour la galvanoplastie se compose de :

Eau distillée	1	litre.
Cyanure de potassium	150	grammes.
Chlorure d'or sec	50	grammes[6].

Pour obtenir des dépôts galvanoplastiques d'or ou d'argent, on ne peut pas se servir de l'*appareil simple* employé pour la galvanoplastie du cuivre ; il faut que la pile soit séparée du bain. On attache donc au pôle négatif, le moule de l'objet que l'on veut reproduire en argent ou en or, et l'on place au pôle positif, un *anode*, c'est-à-dire une lame d'or, si c'est un bain d'or, d'argent si c'est un bain d'argent. Ces anodes sont destinés à se dissoudre dans le bain, au fur et à mesure du dépôt du métal au pôle négatif.

On ne peut pas placer les vases poreux des piles au sein de la liqueur, comme pour le bain de cuivre, parce que l'acide sulfurique de ces godets décomposerait le bain de cyanure d'argent. On pourrait tout au plus se servir de vases poreux en remplaçant l'acide sulfurique destiné à agir sur le zinc, par du sel marin, ou par une dissolution, plus ou moins concentrée, de cyanure de potassium. Mais ce dernier sel est très-vénéneux, et toutes ces manipulations seraient peu commodes dans un atelier.

On peut obtenir l'*or vert* en mélangeant dix parties de bain d'or à une partie de bain d'argent, ou bien en faisant fonctionner quelque temps le bain d'or avec un anode d'argent.

En raison de leur alcalinité résultant de la présence d'un cyanure alcalin (cyanure de potassium), on ne peut pas se servir, pour la galvanoplastie d'or ou d'argent, de moules de stéarine. On emploie avec quelque avantage les moules métalliques, mais la gutta-percha est la substance qui convient le mieux pour ces moules. Seulement, le bain de cyanure d'or et de potassium étant moins conducteur de l'électricité que le bain de sulfate de cuivre, il faut apporter plus de soin à la métallisation du moule par la plombagine.

Les bijoux d'or et d'argent massif trouvent moins de débit dans le commerce que les produits en cuivre ou les objets argentés et dorés. C'est pour cela que la galvanoplastie d'argent est peu en usage. Cependant l'usine de MM. Christofle, à Paris, a produit de très beaux ouvrages d'argent galvanoplastique, tels que des coupes pour les grands prix des concours agricoles, des courses, etc., qui doivent réunir à la fois la richesse et le goût artistique. Les ateliers de galvanoplastie de Londres et d'autres pays fabriquent également de beaux ouvrages en argent galvanique. La reproduction des objets en argent galvanoplastique ne présente pas plus de difficultés que lagalvanoplastie en cuivre, quand on suit les indications que nous avons données.

CHAPITRE V

LES APPLICATIONS DE LA GALVANOPLASTIE. — APPLICATION À L'ART DU FONDEUR. — LE PROCÉDÉ LENOIR POUR OBTENIR LA REPRODUCTION DES STATUES OU STATUETTES EN RONDE BOSSE. — APPLICATION DE LA GALVANOPLASTIE À L'ART DE LA GRAVURE ET À LA TYPOGRAPHIE.

Après l'exposé qui précède des procédés qui sont en usage dans les ateliers, pour la reproduction de tout objet en cuivre ou en argent, nous passerons en revue les applications diverses que ces procédés ont déjà trouvées dans l'industrie. Nous considérerons les applications de la galvanoplastie : 1° à l'art du fondeur, 2° à la gravure, 3° à la typographie.

Applications de la galvanoplastie à l'art du fondeur. — Dans l'origine, la reproduction des médailles était ce qui frappait le plus, parmi les applications de l'art qui nous occupe. C'était une bien étroite et bien insignifiante application d'une méthode qui devait voir promptement grandir son importance et ses résultats. Mais, si peu utile qu'elle soit, la reproduction des médailles amuse et instruit les amateurs ; nous en dirons donc quelque chose, avant d'arriver à des applications autrement sérieuses de la galvanoplastie.

Pour reproduire une monnaie ou une médaille, on peut opérer de deux manières. 1° On agit directement sur la médaille que l'on veut reproduire, en la plaçant au pôle négatif, après avoir pris les précautions suffisantes pour empêcher l'adhérence de l'empreinte avec l'original. Ces précautions consistent à passer sur la médaille une couche excessivement légère d'une substance grasse, telle que l'huile, la cire, la stéarine, le suif, etc. On obtient ainsi en creux une empreinte sur laquelle on opère de nouveau pour avoir sa reproduction en relief. 2° On prend l'empreinte de la pièce avec de la gutta-percha ou un alliage fusible ; de cette manière l'opération galvanoplastique donne immédiatement la médaille en relief.

Quand on agit directement sur la médaille, il faut recouvrir de stéarine le revers, sur lequel il ne doit pas exister de dépôt ; on la met ensuite en rapport avec le pôle négatif au moyen d'un fil de métal fixé sur son contour. Le revers est reproduit plus tard de la même manière en recouvrant de stéarine la face déjà prise. Cinquante ou soixante heures d'immersion donnent au dépôt une épaisseur convenable. L'opération achevée, on sépare la pièce du moule auquel elle n'adhère que faiblement.

On reproduit, par ces moyens, les cachets, les timbres et les sceaux, en opérant sur des empreintes prises avec le plâtre, la gutta-percha ou la stéarine.

C'est par les mêmes procédés que l'on recouvre de cuivre une statuette, un groupe, ou tout autre objet exécuté en plâtre.

La galvanoplastie permet de multiplier et de mettre à la portée de tous, des objets de sculpture, que l'on n'obtenait autrefois qu'à grands frais, par la fonte et la ciselure du bronze. La galvanoplastie est donc à la sculpture ce que la photographie est aux arts de la peinture et du dessin. De même que la photographie multiplie et rend accessibles à tous les beaux produits de la gravure et les chefs-d'œuvre des grands dessinateurs, ainsi la galvanoplastie peut répandre entre toutes les mains les œuvres de la sculpture. Arrivons, en conséquence, à la description particulière des moyens qui permettent de reproduire, avec le seul secours de la pile voltaïque, les grands objets de sculpture, que l'on n'avait pu jusqu'ici obtenir qu'à l'aide de la fusion du métal.

On sait que pour obtenir une statue de bronze, de fonte ou de zinc, le sculpteur ayant livré son modèle d'argile, on en tire une épreuve au moyen du plâtre ; cette dernière épreuve sert ensuite à préparer le moule de sable où l'on coule le métal. Ces diverses opérations nécessitent un grand travail et ne sont pas sans danger, à cause des explosions qui peuvent avoir lieu pendant la coulée. En outre, la copie métallique est loin d'être parfaite : elle exige, pour être terminée, de nombreuses retouches et un travail nouveau. Ajoutons que les statues de bronze obtenues par la fusion, reviennent, comme personne ne l'ignore, à des prix excessifs. La galvanoplastie obvie à tous ces inconvénients.

Pour obtenir une statuette par la galvanoplastie, il suffit d'avoir à sa disposition le modèle en plâtre sortant des mains du sculpteur.

On prend un moule de gutta-percha de l'original de plâtre, en se servant de la méthode du *pétrissage* de la gutta-percha. On place ce moule de gutta-percha, rendu conducteur par de la plombagine, dans le bain de sulfate de cuivre, c'est-à-dire dans l'appareil simple. Quand la couche déposée est d'une épaisseur suffisante, on enlève le moule, qui laisse à découvert l'objet parfaitement reproduit.

S'il s'agit d'une statuette en ronde-bosse de petite dimension, on prend le creux de chaque moitié, on le revêt de plombagine, et l'on fait communiquer chaque moitié avec l'appareil voltaïque. Le dépôt se faisant sur chacune d'elles, comme sur un bas-relief, on peut, après le dépôt, les réunir par une soudure. Cette soudure n'est pas, d'ailleurs, visible, car les pièces sont ensuite habituellement argentées, ou mises en couleur de bronze.

Si l'original avait de trop grandes dimensions, les vases à employer devraient présenter une capacité énorme ; il est mieux alors de réunir entre elles, avec de la cire, les diverses parties du moule en creux, de manière à en former une sorte de capacité, dans laquelle on place la dissolution même. Les parties séparées que l'on obtient, ainsi sont ensuite soudées à l'argent ou à l'étain. Enfin ces soudures elles-mêmes sont recouvertes de cuivre à leur tour. Il suffit, pour cela de circonscrire leur surface avec du mastic, de manière à en former une espèce d'auge, que l'on remplit de la solution de sulfate de cuivre. À l'aide de la pile, on détermine un dépôt de cuivre, qui recouvre et fait disparaître les traces de ces soudures.

Pour faire disparaître le ton rouge du cuivre, qui n'est que d'un effet assez médiocre, on recouvre ces différents objets d'une couche d'argent par l'action de la pile ; l'éclat et le ton brillant de ce dernier métal leur donnent beaucoup de relief et de valeur.

Le procédé qui vient d'être décrit ne peut s'appliquer qu'à la reproduction, en parties séparées, des statuettes et des rondes-bosses de petite dimension. Il devient inapplicable lorsque l'objet à reproduire présente des creux et des reliefs considérables. Alors on ne pourrait mouler partiellement par quart, par moitié, etc. l'original, et le cuivre ne se déposerait pas dans les creux profonds.

Un homme à l'esprit éminemment inventif, Lenoir, l'inventeur du moteur à gaz, a rendu à la galvanoplastie un service immense, en découvrant une méthode nouvelle qui permet de mouler et de reproduire en galvanoplastie, les statues et les rondes-bosses des plus grandes dimensions. M. Lenoir a trouvé le moyen de distribuer, de répartir les courants, de manière à reproduire la ronde-bosse. Par les moyens généralement employés jusqu'ici, il fallait, pour obtenir une statue, un buste de grande dimension ou un objet très-fouillé, mouler partiellement, comme nous venons de le dire, par moitié ou par quart, la statuette ou le buste, et réunir ensuite, au moyen d'une soudure, ces parties séparées. Le procédé employé par M. Lenoir, permet d'obtenir directement et dans un seul bain, les objets en ronde-bosse.

Ce procédé consiste à remplacer le simple fil métallique du pôle négatif de la pile, par un conducteur chimiquement inattaquable, réparti en un grand nombre de branches ou de ramifications. On introduit, dans le creux du moule, un faisceau de fils de platine qui servent de conducteur ; ces fils suivent intérieurement la forme du moule, sans y toucher nulle part, et y précipitent uniformément le métal du bain. On peut donner au dépôt qui tapisse, pour ainsi dire, l'intérieur du moule, telle épaisseur que l'on désire.

Dans ce système particulier, on ne fait plus usage de l'*appareil simple*, comme pour les opérations ordinaires de la galvanoplastie, on n'opère pas avec la pile placée à l'intérieur du bain, comme on l'a vue représentée (*fig.* 171 et 172). La pile est à l'extérieur du bain ; on fait, par conséquent, usage d'un *appareil composé*. Comme le bain de sulfate de cuivre s'épuiserait au fur et à mesure du dépôt, on place à la partie supérieure du liquide, un sac contenant du sulfate de cuivre en cristaux, lesquels, se dissolvant au fur et à mesure que le cuivre se dépose dans le moule, entretiennent la liqueur à l'état de saturation nécessaire.

Fig. 176.

Voici comment s'exécute, dans la pratique, le procédé *Lenoir* pour la reproduction des statues, et, en général, des rondes-bosses. Supposons qu'il s'agisse de reproduire en cuivre, la statue ou statuette que représente la figure 176. On commence par prendre le moule de cette statuette avec de la gutta-percha, par la méthode du *pétrissage*. À cet effet, on applique de la gutta-percha chaude sur la statuette, et on prend des moules séparés de différentes parties, en ayant soin d'y placer des repères qui permettront, en réunissant les moulages partiels, d'obtenir le moulage entier. Quand on a raccordé les différentes parties du moule, on obtient deux creux qui ont la disposition que représente la figure 177.

fig. 177. — Statuette moulée en gutta-percha et prête à recevoir la carcasse de platine (procédé Lenoir).

Il faut seulement avoir l'attention de ménager, dans une partie du moule, par exemple, aux pieds de la statue, comme on le voit sur la figure 177, deux trous ou canaux et un autre canal à un point opposé, c'est-à-dire à la tête. La dissolution de sulfate de cuivre, qui se forme à chaque instant, par la présence des cristaux de sul-

44

fate de cuivre, pour remplacer le cuivre déposé par les progrès de l'opération, descend, en vertu de son poids, à la partie inférieure, et pénètre ainsi dans le moule, tandis que la liqueur plus légère, parce qu'elle renferme peu de sulfate de cuivre, s'élève vers la partie supérieure, et sort par les trous placés au sommet. Il faut pourtant remarquer que le dégagement de gaz oxygène, qui se fait pendant l'opération (le fil de platine étant inoxydable), contribue à mêler les différentes parties de la liqueur saline et à entretenir constamment son homogénéité.

Alors, avec des fils de platine, on ébauche une carcasse qui représente grossièrement le modèle, et qui reproduit les formes générales de la statue : cette espèce de carcasse métallique est seulement un peu plus petite que le moule, afin de pouvoir être suspendue dans son intérieur,

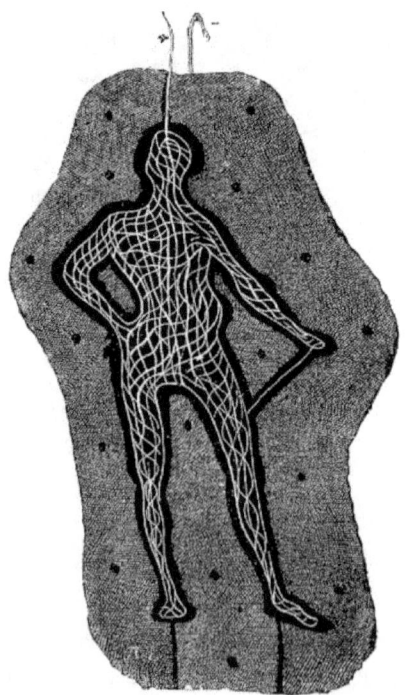

Fig. 178. — Carcasse de platine pour la reproduction des statues et statuettes (procédé Lenoir).

Louis Figuier

La figure 178 représente la carcasse en platine dont il s'agit, et qui n'est autre chose que le fil conducteur de la pile, étalé, ramifié, de manière à permettre au courant voltaïque de pénétrer dans tous les creux du moule, d'arriver jusqu'au fond de ses plus petites anfractuosités, et d'y provoquer le dépôt du métal, pour donner la reproduction rigoureuse des formes de la statue.

On introduit dans le moule de gutta-percha la carcasse de fils de platine, de manière qu'elle suive bien exactement ses contours intérieurs, sans jamais les toucher. On attache cette carcasse et le moule qui la renferme au fil négatif de la pile, et l'on plonge le tout dans le bain de sulfate de cuivre, comme le représente la figure 179, c'est-à-dire dans un appareil composé.

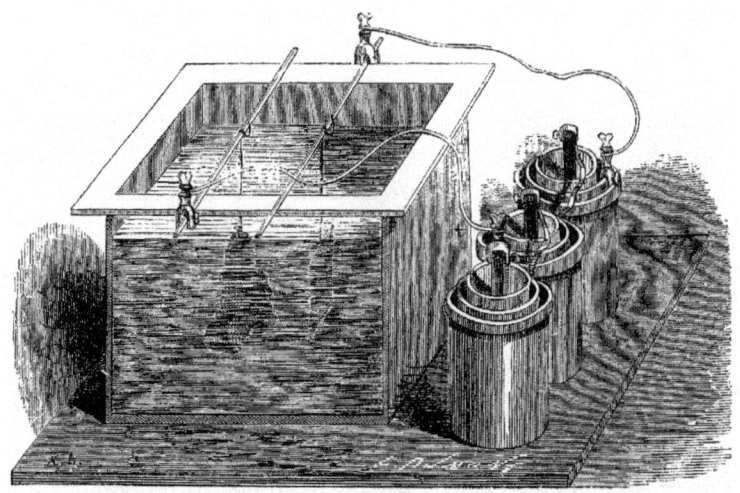

Fig. 179. — Reproduction d'une statuette de cuivre en ronde-bosse par le procédé Lenoir.

Quand le dépôt de cuivre paraît suffisant, on sépare le moule de gutta-percha, on retire de force la carcasse métallique intérieure, et l'on obtient une statue, ou statuette, qui reproduit l'original d'une manière absolument identique. Il suffit d'enlever à la lime quelques ébarbures aux réunions des moulages partiels, et de boucher les deux ou trois trous, pour obtenir la reproduction rigoureusement exacte de l'original.

Il nous reste à ajouter que le platine étant un métal cher, la mise de fonds devenait assez importante, quand il s'agissait de préparer des *carcasses* pour des statues d'un grand modèle. Un perfectionnement qui a consisté à remplacer par le plomb, le platine destiné à fabriquer ces carcasses, est donc d'une importance pratique très-sérieuse.

L'idée de cette substitution appartient à la maison Christofle, qui, propriétaire du procédé Lenoir, ne pouvait l'utiliser que dans des cas restreints. Il fallait, pour composer cette carcasse, un métal inoxydable, comme le platine ou l'or. Peu de métaux sont dans ce cas, le plomb lui-même est, comme on le sait, fort oxydable ; mais les recherches faites dans les ateliers de MM. Christofle, par leur ingénieur et leur chimiste, ont prouvé que, lorsqu'une légère couche d'oxyde s'est formée à la surface de la carcasse de plomb, par laquelle il remplace la carcasse de platine, cette couche d'oxyde, qui enveloppe le métal, la préserve d'une oxydation ultérieure, et permet de consacrer le plomb, métal à bas prix et éminemment malléable, à composer ces carcasses, dont l'utilité, comme conducteur du courant pour les reproductions galvanoplastiques de la ronde-bosse, est d'une évidence si manifeste.

M. Henri Bouilhet, neveu de M. Ch. Christofle, et l'un des chefs actuels de la maison, est aussi l'inventeur d'une disposition très-ingénieuse, qui a procuré immédiatement aux produits de la galvanoplastie des débouchés considérables.

Les objets obtenus en cuivre galvanoplastique, ne consistent, en général, qu'en de très-minces couches ; on peut donner au dépôt de cuivre toute l'épaisseur que l'on désire, mais, en général, le dépôt n'a que quelques millimètres d'épaisseur. En cet état, il n'aurait pu trouver d'applications sérieuses dans l'industrie. M. Henri Bouilhet a eu l'idée de remplir d'un métal à bas prix, ces *coquilles* de cuivre galvanoplastique, de manière à leur fournir un support résistant, et à leur garantir toute la solidité nécessaire.

Le métal, ou plutôt l'alliage dont M. Bouilhet fait usage, c'est la soudure de laiton, qui est plus fusible que le cuivre rouge. Pour en remplir les coquilles galvanoplastiques, on commence par garnir l'extérieur avec une forte couche d'argile, de plâtre ou de blanc d'Espagne, mélangé de poudre de charbon, et on laisse sécher parfaitement à l'étuve. Cette enveloppe a pour but de permettre au cuivre rouge de supporter, sans se fondre ni se déformer, une haute température. Dans cet état, on remplit de soudure de laiton, aussi fusible que possible et mélangée de borax en poudre, l'intérieur de la pièce ; puis on dirige sur le tout le jet d'une forte lampe à gaz, ou à l'essence, alimentée par un courant d'air. Le laiton ne tarde pas a entrer en fusion et remplit plus ou moins le creux du moule, auquel il communique autant de solidité que s'il était sorti des ateliers du fondeur en cuivre, et lui assure une durée indéfinie.

Ce n'est pas seulement aux produits artistiques que ce moyen s'applique. La galvanoplastie, ainsi renforcée par un métal sans valeur, permet de livrer au commerce une énorme quantité d'objets d'ornement pour l'ébénisterie, qui, précédemment, s'exécutaient en bronze ou en laiton fondu, et qui exigeaient, pour être admis dans le commerce, toutes sortes de manipulations coûteuses, de retouches, d'ébarbages, etc.

Voilà par quel ensemble de moyens s'obtiennent aujourd'hui ces mille objets de cuivre de toute dimension, qui, tantôt conservant la couleur naturelle du cuivre ou prenant celle du bronze, tantôt argentés par la pile, se multiplient chaque jour entre les mains des fabricants français et étrangers. Nous mettons sous les yeux de nos lecteurs un admirable spécimen de statues obtenues par la galvanoplastie, qui donnera l'idée des dimensions auxquelles on peut atteindre aujourd'hui dans des ateliers convenablement établis, quand on confie à la galvanoplastie le soin d'exécuter les productions de l'art de la sculpture.

La figure 175 représente un des groupes destinés à décorer la façade du nouvel Opéra de Paris. Ce groupe, modelé par M. Gumery, et qui a 5 mètres de hauteur, a été exécuté en cuivre galvanoplastique, dans les ateliers de MM. Christofle, qui ont dû, pour produire cette pièce magistrale, creuser un puits de 10 mètres de profondeur et de 3 mètres de diamètre, et remplir ce puits de dissolution de sulfate de cuivre, avec une abondante provision de ce sel, pour renouveler la matière saline au fur et à mesure de son épuisement dans le bain. Le moule en gutta-percha ayant été préparé par portions séparées, et ces portions étant réunies, une immense carcasse conductrice, de plomb, a servi, selon la méthode Lenoir, à diriger le courant électrique dans les derniers recoins de

ces moules, pour donner enfin ce véritable monument de la galvanoplastie artistique.

fig. 175. — Groupe décoratif destiné à la façade du nouvel Opéra
de Paris, exécuté en cuivre galvanoplastique par MM. Christofle.

Louis Figuier

Un autre ouvrage galvanoplastique qui a été fort admiré à l'Exposition universelle de 1867, c'est le grand bas-relief de l'*Arc de Triomphe de Constantin*, un des plus précieux monuments du Forum de l'ancienne Rome, que l'empereur Napoléon III a fait surmouler en plâtre à Rome, et dont la reproduction galvanoplastique, exécutée à Paris par M. Léopold Oudry, forme une des plus belles pages de la galvanoplastie.

Ce bas-relief, haut de 3^m,60 et large de 2^m,20, comprend huit personnages plus grands que nature, et pour la plupart très en relief ; plusieurs parties sont même traitées en ronde-bosse. M. Oudry employa plus de 3 000 kilogrammes de gutta-percha pour mouler cette pièce. L'opération voltaïque, effectuée en un seul bain, dura deux mois. L'épaisseur moyenne du cuivre déposé est de plus de 3 millimètres. Cette œuvre remarquable se voyait, à l'Exposition universelle, dans le pavillon de M. Oudry, accompagnée de plusieurs statues de cuivre galvanoplastique, de grandes dimensions.

Quand on considère la dimension des pièces qui sont obtenues par les méthodes galvanoplastiques, on ne peut s'empêcher de reconnaître qu'une carrière toute nouvelle s'ouvre au génie de nos artistes. La reproduction du bas-relief de l'arc de triomphe de Constantin telle que M. Oudry l'a exécutée, ainsi que la statue colossale que MM. Christofle ont reproduite en cuivre pour la façade du nouvel Opéra, et dont nous avons donné la gravure figure 175, seraient revenues à un prix considérable par le moulage en sable et par la fusion du métal. Le prix de ces œuvres d'art a été comparativement excessivement bas, exécuté par la galvanoplastie. De là, on peut conclure qu'à l'avenir, les commandes d'importantes œuvres sculpturales pourront arriver à nos artistes en bien plus grand nombre qu'autrefois, puisqu'on ne sera plus arrêté par le haut prix du bronze et des opérations de moulage, de fusion, de retouche, etc.

Il importe de remarquer, en effet, que le cuivre obtenu par la galvanoplastie a toutes les qualités du cuivre le plus pur. Les craintes que l'on avait conçues à cet égard, n'avaient aucun fondement, et elles ont, d'ailleurs, reçu de l'expérience, entre les mains de MM. Christofle et Bouilhet, un démenti sans réplique.

Dans des expériences exécutées, en 1866, devant la *Société d'encouragement*, MM. Bouilhet et Paul Christofle ont soumis, à l'action d'une presse hydraulique, des échantillons de même volume de cuivre galvanoplastique et de cuivre de fusion pris dans le commerce. L'appareil se composait d'un cylindre dont les deux extrémités se fermaient au moyen de deux plaques formées du cuivre à essayer. Ce cylindre était en communication avec un corps de pompe dans lequel on pouvait comprimer de l'eau : un manomètre indiquait la pression. Or M. Bouilhet reconnut qu'en opérant sur des plaques de cuivre galvanoplastique d'un demi-millimètre d'épaisseur, on peut comprimer l'eau jusqu'à 20 atmosphères, sans voir apparaître de liquide au dehors ; mais que si l'on prend une plaque de cuivre fondu de même épaisseur, on ne peut comprimer l'eau à 12 atmosphères sans voir le liquide suinter à travers les parois. Ainsi le cuivre de fusion cédait à la pression de 12 atmosphères ; tandis que le cuivre galvanoplastique a supporté, sans se briser, la pression de 20 atmosphères. L'expérience n'a pas été poussée plus loin crainte d'accidents : le cuivre galvanoplastique ayant résisté à toutes les pressions que les appareils pouvaient produire[7].

Il est un autre point de vue, qu'il faut mettre en évidence, pour faire ressortir l'utilité de la galvanoplastie pour les artistes sculpteurs. Les moulages en plâtre des œuvres des grands maîtres, sont fragiles et insuffisants pour l'étude. La galvanoplastie fournira à peu de frais, non des imitations, mais des reproductions absolument identiques de ces mêmes modèles où revit le génie des arts.

Le plus bel exemple que l'on puisse citer en ce genre, c'est la reproduction, des bas-reliefs, de la colonne Trajane de Rome, et de son soubassement, qui ont été exécutés par M. Léopold Oudry. Sur l'ordre de l'Empereur, M. Oudry a composé toute la série de reproductions galvanoplastiques des scupltures qui ornent la célèbre colonne de Rome, et maintenant les six cents précieux bas-reliefs dans lesquels Rome nous a transmis le tableau précis du costume et de l'armement de ses soldats, ainsi que le matériel de ses moyens de guerre, se voient au Louvre où les artistes vont les étudier, les copier, en ayant sous les yeux, le modèle de ce qu'ils auraient eu de la peine à voir à Rome même, sur l'original.

La colonne Trajane, l'un des plus beaux spécimens de l'art artistique, et assurément le plus précieux pour l'histoire, est en marbre blanc. Sa hauteur est de près de 50 mètres, quelques mètres de plus que notre colonne monumentale en bronze, de la place Vendôme, à Paris ; son diamètre moyen est d'environ 4 mètres.

À une époque fort antérieure à la nôtre, le gouvernement français avait fait exécuter le surmoulage en plâtre de tous les bas-reliefs de cette colonne. On les plaça à l'École des Beaux-arts ; mais, le plâtre n'offrant ni solidité ni durée, les uns furent détruits et les autres devinrent tellement frustes qu'il ne fut plus possible aux élèves de l'École de s'en servir comme sujets d'étude.

L'empereur Napoléon III, qui porte un intérêt tout particulier à l'époque gallo-romaine, eut la pensée de faire surmouler à nouveau cette belle page de l'art antique, pour en faire don au musée gallo-romain dont il venait de décider la création à Saint-Germain.

Le ministère de la Maison de l'Empereur et des Beaux-Arts obtint facilement du gouvernement romain l'autorisation nécessaire, et l'on se mit tout de suite à l'œuvre.

Vers la fin de l'automne de 1862, tous ces bas-reliefs arrivèrent à Paris, dans un parfait état de conservation. L'importante opération de leur reproduction galvanoplastique fut confiée à M. Oudry.

Tous les bas-reliefs de la colonne Trajane, reproduits en cuivre par la galvanoplastie, sont, depuis 1864, exposés publiquement au palais du Louvre, dans une des grandes salles du rez-de-chaussée du pavillon Denon. Le soubassement comprend quatre parties, formant chacune un des côtés du monument. La colonne proprement dite, est divisée en six sections, à peu près égales en hauteur ; les bas-reliefs de chaque section, appliqués contre une charpente circulaire et raccordés avec soin, offrent un coup d'œil imposant et une étude du plus haut intérêt.

L'épaisseur moyenne du cuivre déposé sur les six cents bas-reliefs de la colonne Trajane est de 2 à 3 millimètres.

En résumé, la galvanoplastie est appelée à rendre de véritables services à l'art de la sculpture ; et il est regrettable que les artistes et les fabricants de bronze montrent un certain mauvais vouloir contre la galvanoplastie. S'ils veulent bien examiner ses produits avec soin, ils ne tarderont pas à reconnaître que la galvanoplastie, loin de leur être nuisible, pourrait leur rendre de grands services pour les reproductions d'un certain nombre de leurs œuvres.

CHAPITRE V

La fusion du bronze est, en effet, une opération singulièrement difficile, et souvent les résultats obtenus laissent beaucoup à désirer. Il faut alors avoir recours à la main d'un habile ciseleur, qui réveille des détails mal venus, accentue des lignes effacées, et cherche à retrouver la pensée du maître. Il n'y parvient pas toujours, et quand il échoue dans cette interprétation, il reste une œuvre, belle sans doute par la ciselure mais privée de l'idée, du sentiment, de l'inspiration de l'auteur. Le sculpteur qui confierait à la galvanoplastie le soin de reproduire directement son modèle de plâtre, ne verrait jamais sa pensée dénaturée ; tous les détails les plus fins du modèle seraient rendus avec une rigoureuse exactitude.

Pour les parties d'une composition sculpturale qui n'exigent pas de ciselure, et qu'il est facile de mouler et de couler en bronze, pour celles qui ne présentent qu'une faible surface, on aura sans doute avantage à conserver le bronze et le procédé de la fusion. Mais si d'autres parties, d'une plus grande surface, ont besoin de beaucoup de ciselure pour rendre toute la pureté des lignes et la finesse des détails, la galvanoplastie devra souvent être préférée à la coulée du métal et à la ciselure. Non-seulement la galvanoplastie coûte moins cher que le bronze, mais elle donne la garantie d'une reproduction éminemment fidèle. Quant à la solidité, il est facile de l'obtenir en renforçant la coquille galvanoplastique par le système de M. Bouilhet, c'est-à-dire la coulée d'une masse de laiton, qui donne toute la solidité exigée.

Les artistes et les fabricants de bronze auraient donc intérêt à se livrer à des essais de ce genre. Ils le peuvent facilement d'ailleurs. Rien n'empêche le fabricant de bronze d'installer près de ses ateliers, un laboratoire de galvanoplastie, où il ferait exécuter tous les essais qui lui paraîtraient désirables. La galvanoplastie appartient à tout le monde ; elle n'est entravée par aucun monopole ; elle n'est sous le privilège d'aucun brevet ; enfin elle présente très-peu de difficultés d'exécution. Aujourd'hui, la reproduction des œuvres les plus importantes de la sculpture s'effectue à coup sûr : des statues, des animaux, des bas-reliefs immenses et très-accidentés, sont reproduits avec perfection, par des ouvriers même assez peu expérimentés.

Voilà, à nos yeux, bien des raisons pour décider nos artistes à revenir de leurs préventions contre la galvanoplastie.

Louis Figuier

Cette pensée commence, d'ailleurs, à être comprise, car certains sculpteurs se décident à faire exécuter directement leurs compositions par la galvanoplastie. C'est ainsi que la totalité des statues décoratives qui doivent figurer dans le nouvel Opéra, ont été exécutées directement par la galvanoplastie, dans les ateliers de M. Oudry et de MM. Christofle. Nous avons donné plus haut (fig. 175), un spécimen de l'une de ces statues dont la hauteur dépasse 5 mètres.

Nous mettons sous les yeux de nos lecteurs, divers spécimens des plus récentes et des plus remarquables productions de la nouvelle orfèvrerie électro-chimique. Telles sont les figures 180 à 185 qui représentent différentes pièces en cuivre argenté ou doré par la pile par MM. Christofle et dont une fait partie du magnifique surtout de table appartenant à l'Empereur des Français.

Fig. 180 à 185. — Objets d'orfèvrerie exécutés en cuivre, dorés et argentés par la pile, par MM. Christofle.

CHAPITRE V

(Fig. 181 à 184. — Pièces d'un service à thé.)

Fig. 180. — Les Saisons, pièce d'orfèvrerie électro-chimique de MM. Elkington, de Birmingham (Exposition universelle de Paris en 1867).

Fig. 190. — L'Aurore, pièce d'orfèvrerie électro-chimique de MM. Elkington, de Birmingham (Exposition universelle de Paris en 1867).

Louis Figuier

Fig. 191. — Le Crépuscule, pièce d'orfèvrerie électro-chimique
de MM. Elkington, de Birmingham (Exposition universelle de
Paris en 1867).

Fig. 192. — Le prix des volontaires, décerné par la reine
d'Angleterre, pièce d'orfèvrerie électro-chimique de MM.

CHAPITRE V

Elkington, de Birmingham (Exposition universelle de Paris en 1867.)

Applications de la galvanoplastie à l'art de la gravure. — Voici les applications principales faites jusqu'à ce jour, des procédés galvanoplastiques à l'art du graveur. L'électrotypie permet d'exécuter les opérations suivantes : 1° fabriquer des planches de cuivre pur à l'usage des graveurs ; 2° reproduire les planches gravées tant sur métal que sur bois ; 3° graver directement par le courant galvanique.

Les planches de cuivre employées par les graveurs, exigent des qualités que les procédés de l'industrie actuelle réalisent difficilement. Le cuivre, même le plus pur, livré par le commerce, contient généralement de l'étain et d'autres métaux, qui rendent la gravure au burin difficile et la gravure à l'eau-forte incertaine dans ses résultats. Au contraire, le métal qui se dépose sous l'influence du fluide électrique, est d'une pureté absolue ; il est donc parfaitement approprié aux besoins de la gravure.

Le procédé pour obtenir les plaques de cuivre unies à l'usage des graveurs, est extrêmement simple. Il suffit de se procurer une plaque de cuivre unie qui sert de moule, et sur laquelle on détermine, à l'aide de la pile, un dépôt de cuivre qui reproduit exactement l'original.

La plaque de cuivre unie destinée à servir de moule, est d'abord soudée, par sa face postérieure, à une petite lame d'étain, de plomb ou de zinc, qui ne sert qu'à établir la communication avec la pile. On obtient ainsi une planche de cuivre unie, qu'il ne reste plus qu'à polir pour qu'elle puisse servir aux usages de la gravure.

Les planches de cuivre gravées par la main de l'artiste, ne sont pas plus difficiles à reproduire que les plaques unies. Telles sont, en effet, la délicatesse admirable et la prodigieuse fidélité de ces moyens de reproduction, qu'une planche où se trouve tracé le dessin le plus compliqué, le travail le plus délicat et le plus fin, peut être reproduite avec une rigoureuse exactitude.

Personne n'ignore qu'après avoir servi à un certain tirage, une planche de cuivre ou d'acier est épuisée, et ne donne plus que des épreuves imparfaites. Or, la galvanoplastie permet de reproduire et de multiplier à volonté une planche qui vient d'être gravée par la main de l'artiste ; la difficulté qui avait jusqu'ici forcément limité le tirage des gravures, se trouve donc annulée.

Deux procédés sont employés pour reproduire, par la galvanoplastie, une planche de cuivre sortant des mains de l'artiste. On peut prendre, avec la gélatine ou la gutta-percha, une contre-épreuve de cette planche. Plaçant ensuite dans un bain de sulfate de cuivre ce moule préalablement rendu conducteur de l'électricité par une légère couche de plombagine, on obtient une planche de cuivre parfaitement identique au type primitif.

Ce premier moyen donne des résultats suffisants pour reproduire des planches d'un travail qui n'est pas extrêmement délicat. Mais, s'il s'agit de multiplier par l'électro-chimie une planche, en taille-douce ou en relief, d'un travail très-perfectionné et sur laquelle le burin de l'artiste a épuisé toutes les ressources de l'art, aucun procédé de moulage ne saurait donner de résultat satisfaisant. Il faut alors, sans craindre de détériorer et de compromettre une œuvre précieuse qui a pu coûter des années entières de travail, plonger la planche même dans le bain électro-chimique. Ce procédé hardi est aujourd'hui employé en Allemagne et en France avec un succès incontestable. Disons seulement que l'on a la précaution, en Allemagne, de recouvrir la planche, placée dans le bain, d'une légère couche d'un corps gras destiné à prévenir l'adhérence de la reproduction galvanoplastique avec l'original, et à faciliter, après l'opération, la séparation du moule d'avec la copie. Mais quelque légère que soit la couche de ce corps gras, elle a l'inconvénient de provoquer, à la surface des planches matrices et des reproductions, un léger grain où vient se loger le noir d'imprimerie. M. Hulot, graveur à la Monnaie de Paris, reproduit une planche de cuivre ou d'acier, plongée directement dans le bain électro-chimique, sans faire usage d'aucun corps gras pour prévenir l'adhérence.

Ce ne sont pas seulement les plaques gravées sur cuivre qui peuvent être reproduites par la galvanoplastie : on peut obtenir aussi la reproduction de planches d'acier. Seulement il faut une opération préalable, la planche d'acier ne pouvant être placée dans le bain de sulfate de cuivre, puisque la dissolution de ce sel serait attaquée chimiquement par le fer qui fait partie de l'acier.

Pour reproduire une planche d'acier, on la plonge dans une dissolution de cyanure double de cuivre et de potassium, qui est sans action sur le fer, et l'on soumet ce bain à l'action de la pile : lorsque la planche s'est ainsi recouverte d'une première couche de cuivre, on la place dans un bain ordinaire de sulfate de cuivre, et on laisse le dépôt voltaïque se terminer.

La reproduction des planches gravées est l'une des plus belles et des plus utiles applications qu'ait reçues la galvanoplastie. On comprend, en effet, que si une planche de cuivre, terminée par le burin du graveur, peut être tirée à un certain nombre de types nouveaux, identiques avec le premier modèle, l'œuvre de l'artiste est ainsi rendue éternelle, et le tirage ne connaît plus de limites. L'importance des applications de la galvanoplastie à la reproduction des gravures a fait répandre promptement en Allemagne l'emploi de ce procédé. L'imprimerie impériale d'Autriche a reproduit ainsi un grand nombre de planches gravées sur cuivre et sur acier, et dans le reste de l'Allemagne, les moyens électrotypiques appliqués à la reproduction des planches de cuivre et d'acier sont d'un usage général. En France, on a poussé plus loin encore la perfection de ces reproductions galvaniques, et rien, par exemple, ne saurait être comparé à la reproduction faite par M. Hulot, de la planche de M. Henriquel Dupont, représentant une *Vierge de Raphaël*.

L'art de la gravure emprunte encore le secours de la galvanoplastie pour la reproduction des clichés, qui servent à imprimer les *gravures sur bois*. On connaît l'extension considérable qu'a prise de nos jours, la gravure sur bois, et la perfection qu'elle a atteinte. Mais un bois gravé ne peut suffire à un très-grand tirage. La galvanoplastie intervient ici avec profit, pour reproduire en cuivre le bois fourni par le graveur.

On prend, avec de la gutta-percha, un moule en creux de cette gravure sur bois. Ce moule de gutta-percha, rendu conducteur par une couche de plombagine en poudre, placé dans un bain de sulfate de cuivre comme le représente la figure 186, et soumis à l'action de la pile, fournit un cliché de cuivre en relief, identique avec la gravure originale sur bois. La dureté du cuivre permet dès lors un tirage de plus de cent mille exemplaires, sans qu'il soit nécessaire de recourir à un nouveau cliché de cuivre.

Fig. 186. — Bain de galvanoplastie pour la reproduction des gravures sur bois.

Il n'est pas nécessaire de donner au dépôt de cuivre qui reproduit la planche sur bois une forte épaisseur : il suffit qu'il ait un vingtième de millimètre environ. Vingt-quatre heures de séjour dans le bain suffisent à fournir ce dépôt. Cela fait, on coule au revers de la reproduction, un peu d'alliage d'imprimerie, qui donne au cliché une épaisseur de 3 millimètres, suffisante pour qu'il résiste à la pression des machines, au moment du tirage. Pour obtenir un cliché tout en cuivre de cette épaisseur, il faudrait laisser le moule de gutta-percha trois semaines dans le bain de sulfate de cuivre.

Il ne reste plus qu'à clouer ce cliché, partie cuivre et partie alliage d'imprimerie, sur une planche de bois qui ait la hauteur des formes qui servent à imprimer. Ce cliché de cuivre cloué sur la planche de bois, est placé dans les formes, et serré avec la composition, pour être tiré en même temps que le texte.

Voilà le moyen, expéditif et sûr, qui permet de reproduire les gravures sur bois qui ornent les publications illustrées. C'est par ce moyen, nous n'avons pas besoin de le dire, que sont tirées les gravures qui accompagnent les *Merveilles de la science*.

La galvanoplastie peut aller jusqu'à supprimer la gravure sur bois elle-même, c'est-à-dire transformer, sans aucun intermédiaire, le dessin de l'artiste en un cliché de cuivre, propre à servir directement au tirage typographique.

On donne le nom de *procédé Coblence*, du nom de son inventeur, artiste de mérite auquel la galvanoplastie a dû de grands progrès, à une méthode qui permet de supprimer le travail du graveur sur bois. Nous allons faire connaître sa misé en pratique.

L'artiste exécute son dessin sur une plaque de zinc polie, au moyen d'un vernis isolant, composé de bitume dissous dans l'essence de térébenthine, en se servant soit d'une plume, soit d'un pinceau. On plonge dans de l'eau acidulée par l'acide azotique et marquant 3° à l'aréomètre, la plaque de zinc portant ce dessin en bitume, en ayant seulement la précaution de graisser sa face postérieure, qui ne porte point de dessin, pour la défendre de l'action de l'acide. On retire la plaque du bain d'eau acidulée, lorsque le brillant du zinc est devenu mat, ce qui indique qu'il a été attaqué par l'acide. On nettoie alors, avec de l'essence de térébenthine, la plaque tout entière, qui présente le dessin se détachant par la surface brillante du zinc, sur le fond mat attaqué par l'acide. Avec le même vernis qui a servi à tracer le dessin, on recouvre toute la plaque d'une manière uniforme ; puis, avec la paume de la main, on nettoie délicatement la plaque ainsi vernissée. Pendant cet essuyage, les parties mates du zinc, dont la surface est rugueuse, retiennent le vernis, tandis que les parties brillantes ne le retiennent point. On a ainsi une surface qui reproduit le dessin au moyen d'un vernis sur une plaque de zinc. On place cette plaque, en cet état, dans un bain de cuivrage galvanoplastique, c'est-à-dire dans la dissolution de cyanure double de potassium et de cuivre, en attachant la plaque au fil négatif de la pile, qui est elle-même séparée du bain. Il faut opérer à chaud et maintenir seulement pendant vingt minutes, l'immersion dans le bain de cuivrage. Le cuivre ne se dépose point sur les parties recouvertes de vernis, substance non conductrice de l'électricité ; il se précipite seulement sur le zinc brillant, qui est à découvert. Quand ce cuivrage a été opéré, on enlève le vernis avec une brosse et de l'essence de térébenthine chaude, et l'on a, en définitive, une plaque de zinc sur laquelle le dessin est reproduit par un léger dépôt de cuivre.

Ce dépôt de cuivre est beaucoup trop mince, et son relief beaucoup trop faible, pour que l'on puisse songer à faire un tirage typographique avec une telle plaque. Il faut donc s'occuper de la creuser, de manière à donner au trait le relief exigé. Or, le zinc est très-attaquable par les acides à froid, tandis que le cuivre résiste à leur action. Un acide faible, agissant sur cette, plaque, peut donc attaquer et creuser le zinc, en respectant le cuivre.

La liqueur acide dont M. Coblence fait usage pour attaquer ses plaques, est ainsi composée :

Eau	10	parties en poids
Acide azotique	2	—
Acide sulfurique	1	—
Sulfate de cuivre cristallisé	4	—
Sulfate de fer cristallisé	4	—

On plonge la plaque pendant deux minutes seulement, dans cette eau acidulée, qui ronge le zinc sans toucher au cuivre, et l'on obtient ainsi un relief très-sensible. Mais ce relief ne serait pas encore suffisant. Pour creuser davantage et donner encore plus de saillie, on passe sur la plaque une couche d'encre d'imprimerie, et on la remet dans l'eau acide, ce qui lui donne un relief suffisant pour le tirage typographique.

Pour terminer et donner à cette planche gravée l'aspect des clichés ordinaires qui servent au tirage typographique, on place pendant quelque temps, le cliché dans un bain galvanoplastique de cyanure de cuivre, qui recouvre toute la surface, creux et reliefs, zinc et cuivre, d'une couche uniforme de cuivre, et lui donne l'apparence des clichés ordinaires de cuivre.

Il n'y a plus qu'à clouer ce cliché sur du bois, de la grandeur des formes d'imprimerie, et à le placer dans les formes pour procéder au tirage typographique. Nous donnons comme spécimen de gravure par le *procédé Coblence* la figure 187 exécutée par M. Coblence.

Ce procédé a une autre application d'une véritable importance : il permet de transformer une gravure sur acier ou sur cuivre, en taille-douce, c'est-à-dire une gravure en creux, en un cliché de cuivre en relief, propre à servir au tirage typographique. Les opérations sont les mêmes que celles que nous venons de décrire ; seulement, au lieu d'opérer sur une lame de zinc, ayant reçu le dessin au bitume tracé par l'artiste, on agit sur un *report* pris sur l'épreuve de la gravure en taille-douce.

Fig. 187. — Gravure exécutée par le *procédé Coblence*.

On appelle *prendre un report* dans la lithographie ou la gravure, la très-curieuse manœuvre qui consiste à transporter sur pierre ou sur métal, l'encre d'une gravure, en appliquant sur la pierre ou sur le métal une épreuve sur papier de cette gravure, mouillant le papier et le retirant, de manière à laisser l'encre sur la surface de pierre ou de métal.

Quand on a pris sur la plaque de zinc polie, le *report* d'une épreuve sur papier de la gravure en taille-douce, on soumet cette plaque à la série de traitements par les acides et par le bain galvanoplastique que nous avons décrits plus haut, et l'on arrive ainsi à transformer en un cliché de cuivre en relief, une planche en taille-douce.

La figure 188 a été obtenue par ce procédé par M. Coblence,

comme spécimen de la transformation d'une planche en taille-douce, en un cliché de cuivre en relief.

Fig. 188. — Transformation d'une gravure en taille-douce en une gravure en relief, par le procédé Coblence.

Le procédé Coblence que nous venons de décrire, n'est pas le seul qui permette de supprimer le travail du graveur sur bois et d'exécuter des gravures destinées au tirage typographique. On donne même, habituellement, le nom général de *procédé* aux différentes méthodes qui permettent de transformer directement le dessin de l'artiste en un cliché de cuivre destiné au tirage typographique. On connaît le *procédé Gillot*, le *procédé Duloz*, le *procédé américain*, etc. Mais comme ces différents systèmes n'ont point recours à la galvanoplastie, qui fait l'objet de cette notice, nous n'avons pas à les examiner. Nous dirons seulement que tous ces procédés sont loin de pouvoir remplacer la gravure sur bois, dont ils ne donnent jamais la vigueur de teintes ni la délicatesse de traits. La profondeur des creux, condition essentielle de la gravure typographique, n'est donnée avec certitude que par la main du graveur sur bois.

La gravure sur cuivre s'exécute quelquefois, non en creux, mais en relief, absolument comme la gravure sur bois, sauf la nature de la matière qui est changée, et sauf la difficulté du travail, quand il s'agit d'un corps aussi dur que le cuivre. Les gravures sur *cuivre en relief* ne sont aujourd'hui que des exceptions ; on préfère prendre une gravure sur bois et en obtenir un cliché en cuivre galvanoplastique.

Toutefois le bois ne pouvant donner des finesses comparables à celles que donne le métal, on fait usage de la gravure en relief sur cuivre, pour les dessins qui exigent une grande finesse de traits, comme ceux d'histoire naturelle ou de certaines machines. Nous n'avons pas besoin de dire que la galvanoplastie intervient ici pour refournir, avec le type primitif en cuivre en relief, des reproductions du cliché original.

C'est par le procédé de gravure sur cuivre en relief, que sont obtenues les planches qui servent au tirage des timbres-poste, des billets de banque et des cartes à jouer.

Le gouvernement et l'administration de la Banque de France confient à M. Hulot, graveur à la Monnaie de Paris, le soin d'exécuter les planches qui servent au tirage des cartes à jouer, des billets de banque et des timbres-poste. Les procédés électro-chimiques jouent un certain rôle dans la confection et dans la multiplication de ces clichés précieux, et c'est grâce à la galvanoplastie que l'on peut suffire à un tirage qui, pour les timbres-poste par exemple, peut s'élever, en quelques jours, à des dizaines de millions. Mais quelques détails sur ce sujet ne paraîtront pas ici dépourvus d'intérêt.

Après la révolution de février 1848, dans un moment où le numéraire était excessivement rare, le ministre des finances demanda à la Banque de France l'émission d'un grand nombre de petites coupures de billets de Banque, afin de faciliter le service du Trésor, et de répondre aux besoins de la circulation. Mais la Banque ne pouvait satisfaire à cette demande, n'ayant qu'un seul type pour l'impression des billets de 200 francs, et n'en possédant aucun pour des coupures plus petites. En effet, une planche ou type de billet de banque, qui revient à environ 25 000 francs, demandé ordinairement, de dix-huit mois à deux ans de travail, pour la gravure typographique sur acier, dite en *taille de relief*. Quel que soit son talent, un graveur ne peut jamais parvenir à se copier exactement lui-même. Il n'existait donc, en 1848, aucun moyen rigoureux de multiplier, dans un court intervalle, le type unique que possédait la Banque de France pour le billet de 200 francs, et d'exécuter les coupures de 100 francs qui lui étaient demandées. Il fallait improviser des types de billet de 200 francs et de 100 francs. Pressée par les exigences du moment, la Banque fut obligée d'émettre les billets verts de 100 francs, composés et tirés par la maison Firmin Didot. Mais ces billets ne portaient pas les insignes de la Banque de France, et n'offraient point les garanties des billets ordinaires : leur contrefaçon n'était pas impossible et l'événement le prouva. On s'adressa alors à M. Hulot, qui, bien avant cette époque, en 1840, avait été désigné par M. Persil pour concourir à des expériences sur les contrefaçons des monnaies par la galvanoplastie, et qui, plus tard, en 1846, avait été chargé de multiplier, par les procédés électro-chimiques, les types des cartes à jouer pour les contributions indirectes. M. Hulot put graver et multiplier, en deux mois, le billet de 100 francs. Grâce aux moyens qu'il emploie, vingt-quatre reproductions du billet de banque, ainsi que son type original, ne reviennent qu'au prix d'un billet gravé par les procédés ordinaires de gravure. Au moyen de ces multiplications, la Banque pourrait, en six mois, tirer plus de billets qu'elle n'en a produit en vingt ans avec un type unique.

Quand la réforme postale fut accomplie en France, en 1848, et qu'elle dut être mise à exécution, l'ingénieur anglais Perkins demandait au ministre des finances six mois pour lui fournir des timbres-poste à 1 franc la feuille de 240 timbres, c'est-à-dire à un prix très-élevé, et il ne restait pas trois mois à l'administration pour exécuter la loi. Grâce à l'application des procédés de M. Hulot, une économie considérable fut réalisée, et huit jours avant l'époque où la loi devait être mise en pratique, il existait des timbres-poste dans toutes les communes de France, et il en restait huit à dix millions entre les mains de la direction générale.

Comme nous l'avons dit plus haut, la galvanoplastie est mise à profit pour l'exécution et la multiplication des clichés des timbres-poste, des billets de banque et des cartes à jouer ; mais la manière dont elle intervient dans ces opérations constitue une sorte de secret d'État. Bornons-nous à dire que c'est dans les beaux ateliers de la Monnaie de Paris que l'on peut se convaincre des prodiges que la galvanoplastie a pu réaliser entre des mains habiles[8].

Parlons enfin de la gravure directe des planches de cuivre par le courant galvanique. Tout le monde sait que pour obtenir une gravure à l'eau-forte, on commence par recouvrir une planche polie, de cuivre ou d'acier, d'une couche de cire et de vernis. Le graveur dessine alors, sur cette couche, avec une pointe fine, de manière à mettre le métal à nu. Il place ensuite cette planche dans un vase plat, et verse dessus de l'acide azotique (eau-forte) étendu d'eau. L'acide attaque et dissout le métal jusqu'à une profondeur suffisante pour loger l'encre d'impression. M. Smée, praticien anglais, auteur d'un ouvrage sur la *Galvanoplastie*, fort diffus et passablement obscur[9], a imaginé de remplacer l'eau-forte par l'action chimique qui s'exerce sur un métal quand on le place au pôle positif d'une pile voltaïque.

La plupart des opérations dont nous avons parlé jusqu'ici, se forment au pôle négatif de la pile ; c'est là que s'accomplissent, comme on l'a vu, tous les dépôts métalliques. Mais il se passe au pôle positif une autre action chimique, dont on a su très-ingénieusement tirer parti. Dans la décomposition électrochimique d'un sel, en même temps que le métal se trouve réduit au pôle négatif, l'oxygène et l'acide se rendent au pôle positif, et si, comme nous l'avons dit en parlant des *anodes solubles*, on dispose à ce pôle une lame métallique, celle-ci se trouve peu à peu attaquée et dissoute par l'action réunie de l'oxygène et de l'acide libre. Ce fait, sur lequel M. Jacobi a fondé l'emploi des anodes, a servi à M. Smée à obtenir ce curieux résultat de graver directement par le courant galvanique une planche de cuivre. Voici comment ce physicien recommande d'opérer. La planche métallique, recouverte de cire ou de vernis sur ses deux faces, reçoit, comme à l'ordinaire, le dessin exécuté avec la pointe par l'artiste. Cette planche est alors placée dans une dissolution de sulfate de cuivre en communication avec le pôle positif d'une pile ; le circuit voltaïque est complété en mettant en rapport avec le pôle négatif une plaque de même dimension que la planche à graver. La décomposition ne tarde pas à s'effectuer ; l'oxygène et l'acide sulfurique se portent sur la plaque et dissolvent le cuivre dans les points où les traits ont été marqués.

La gravure galvanique est-elle appelée à remplacer, dans nos ateliers, la pratique habituelle ? Il est difficile de le savoir, car les essais de ce genre de gravure n'ont pas encore été exécutés en France.

L'emploi d'un procédé analogue au précédent, a permis d'arriver à ce résultat intéressant et curieux, de transformer une plaque daguerrienne en une planche propre à la gravure, et pouvant servir à donner, par le tirage typographique, quelques épreuves sur papier de l'image daguerrienne. Une épreuve photographique est composée de reliefs formés par le mercure, qui représentent les clairs, et de parties planes constituant les ombres, qui ne sont autre chose que l'argent de la lame métallique. Mais ces creux et ces reliefs sont prodigieusement faibles. Si l'on trouvait le moyen de les augmenter, on pourrait consacrer une de ces plaques au tirage soit typographique, soit en taille-douce. On ne pourrait sans doute tirer avec une telle plaque qu'un très-petit nombre d'épreuves sur papier ; mais le fait de la transformation de cette plaque en planche propre à l'impression n'en serait pas moins réel. M. Grove est arrivé à ce résultat en se servant de la planche daguerrienne comme anode soluble attaché au pôle positif de la pile, et plongeant dans un liquide d'une nature chimique telle, qu'il puisse attaquer le mercure en respectant l'argent. Le liquide qui convient à cet objet délicat, de laisser l'argent inattaqué tout en dissolvant le mercure, est l'acide chlorhydrique étendu d'eau. Grâce à l'emploi de précautions et de soins particuliers, indiqués par le physicien anglais, on peut transformer une plaque daguerrienne en une planche de graveur, et le tirage de cette planche donne sur le papier une épreuve sur laquelle on peut glorieusement écrire : *Dessinée par la lumière et gravée par l'électricité.*

Application de la galvanoplastie à l'art typographique. — L'application des procédés galvanoplastiques à la typographie, a donné, depuis peu d'années, des résultats d'une haute importance.

Les procédés électro-chimiques permettraient d'obtenir, à peu de frais, les caractères que le fondeur exécute au moyen d'une matrice préparée à cet effet. Dans l'état actuel de l'industrie, les procédés qui sont en usage fournissent les matrices d'impression avec une économie qui rendrait superflue l'intervention de la galvanoplastie, quand il ne s'agit que de matrices n'exigeant qu'un médiocre travail de gravure. Mais il en est autrement quand il s'agit de caractères devenus rares, ou dont la complication rendrait dispendieuse l'exécution d'une matrice nouvelle. La galvanoplastie intervient dans ce cas, avec un avantage marqué. Il suffit, en effet, de posséder quelques spécimens de ces caractères ; les procédés électrochimiques permettent de préparer avec un seul de ces caractères une matrice à l'aide de laquelle le fondeur peut ensuite fournir à très-bas prix la série de caractères nécessaires à l'imprimeur.

En Allemagne et en France, l'art de l'imprimerie tire déjà un parti sérieux de cette application de la galvanoplastie. L'imprimerie impériale d'Autriche, qui a tant contribué à répandre et à populariser l'emploi de la galvanoplastie dans la typographie et dans la gravure, fait aujourd'hui un grand usage des procédés électro-chimiques, pour la reproduction des matrices devenues rares.

Parmi les produits de l'imprimerie impériale d'Autriche, présentés à l'Exposition de 1867, on remarquait un grand nombre de ces reproductions galvaniques de matrices rares ou épuisées.

L'imprimerie impériale de France, qui n'a accueilli qu'assez tardivement les nouveaux procédés empruntés à la science moderne, commence néanmoins à entrer à son tour, dans la voie si heureusement tracée par nos voisins. Elle avait présenté à l'Exposition de 1867, différentes matrices de caractères chinois, palmyrénien, phénicien, etc., obtenus par la voie galvanique.

C'est avec satisfaction que l'on a vu figurer ces spécimens parmi les produits de notre imprimerie impériale, puisqu'ils dénotent la pensée de poursuivre, dans l'avenir, l'emploi des procédés empruntés aux sciences. Ces moyens sont peut-être, en effet, destinés à régénérer l'art de l'imprimerie, et à le mettre, sous ce rapport, en harmonie avec les autres branches de l'industrie moderne, qui doivent à l'application des sciences physiques leurs progrès les plus sérieux.

La galvanoplastie est utile aux imprimeurs pour le tirage des ouvrages*clichés*. Quand un ouvrage est destiné à un grand débit, et qu'il ne doit pas exiger de grandes corrections, on a pris l'habitude, depuis une vingtaine d'années, de le *tirer sur clichés*, c'est-à-dire de prendre avec du plâtre l'empreinte de la composition, et de couler dans ce moule de plâtre, l'alliage d'imprimerie. Ces pages d'alliage ainsi obtenues, servent à tirer l'ouvrage, sans qu'il soit nécessaire de le composer à nouveau.

Mais l'alliage d'imprimerie a peu de dureté, surtout celui qui sert à fabriquer les clichés : il ne pourrait suffire à un tirage considérable. De là l'usage de *cuivrer* la surface des pages de clichés ; et ce cuivrage s'obtient par les procédés galvanoplastiques, c'est-à-dire en faisant déposer une couche de cuivre d'une certaine épaisseur, sur les formes clichées. Dès lors, c'est le cuivre et non l'alliage, qui supporte l'effort de la presse, et le cliché ainsi cuivré, peut suffire à un tirage indéfini. Les grandes lettres des titres des journaux sont également cuivrées, pour résister à un tirage long et répété.

Depuis quelque temps, on commence à reproduire en cuivre, par les procédés galvanoplastiques, les pages mêmes des clichés typographiques. L'alliage d'imprimerie, qui sert à la confection de ces clichés, n'étant pas d'une dureté extrême, finit, après un assez long tirage, par être fatigué, usé. Reproduits en cuivre galvanoplastique, les clichés résistent à un tirage beaucoup plus long, en raison de la dureté du cuivre. L'expérience a établi que les pages clichées et reproduites par les procédés galvanoplastiques, d'après un moule de la composition, obtenu avec la gutta-percha, quoique plus chères que le cliché d'alliage, sont pourtant d'un usage économique en raison de leur durée et de la beauté de l'impression. Aussi plusieurs imprimeurs et éditeurs de Paris commencent-ils à adopter cette méthode pour les ouvrages dont le débit est considérable et assuré, comme les livres de classe, les auteurs anciens, etc.

La galvanoplastie a permis enfin de créer un mode d'impression intéressant, et encore peu connu en France, ce qui nous engage à lui consacrer une description spéciale. Nous voulons parler de l'*impression naturelle*. Les personnes qui ont visité l'Exposition universelle de 1867, ont remarqué, dans les vitrines des libraires allemands, une série de planches, envoyées d'Autriche, et qui représentent avec de très-grandes dimensions, ou plutôt avec les dimensions de la nature, des spécimens coloriés de divers objets d'histoire naturelle, des plantes entières, des fruits, des fleurs et différents organes végétaux, auxquels il faut joindre des plantes fossiles, des pétrifications d'animaux, etc. Ces produits, qui constituent un moyen d'étude intéressant et nouveau offert aux naturalistes, et qui ont été mis à profit, en Allemagne, pour un certain nombre de publications scientifiques, s'obtiennent à l'aide de l'original même qu'il s'agit de reproduire ; c'est pour cela que l'on désigne sous le nom d'*impression naturelle* le procédé qui sert à les obtenir. Voici en quoi ce procédé consiste.

À l'aide d'un rouleau d'acier, on presse l'objet à reproduire sur une feuille de plomb. Par l'effet de cette pression, tous les contours de l'objet se trouvent imprimés en creux sur le métal. Placée dans le bain de sulfate de cuivre qui sert aux opérations ordinaires de la galvanoplastie, la lame de plomb reçoit un dépôt de cuivre qui reproduit en relief l'image qui existait en creux sur le plomb, et forme ainsi une planche qui, par le tirage typographique ordinaire, fournit les épreuves sur papier représentant l'objet primitif dans ses détails les plus délicats. La reproduction des poissons fossiles et l'empreinte d'autres animaux fossiles sur des blocs de pierre, s'obtiennent par le même procédé ; seulement on remplace la feuille de plomb par un moulage à la gutta-percha. Les dentelles, les tissus à dessin clair et les ouvrages au crochet, peuvent être copiés de la même manière, sur l'original même.

Une modification avantageuse de cette curieuse méthode de re-production, consiste à faire déposer du cuivre sur l'objet naturel lui-même, placé dans le bain électro-chimique. Pour reproduire des objets dont les détails se transporteraient mal sur la feuille de plomb ou sur la gutta-percha, tels, par exemple, qu'une coupe transversale de bois fossile, d'un minéral, d'un quartz ou d'une agate, etc., on rend conductrice la surface de ces corps, grâce à une légère couche de plombagine, et on les place directement dans le bain de sulfate de cuivre. La précipitation du cuivre sur l'objet, fournit un moule en creux, qui sert directement au tirage typogra-phique. Tous les spécimens de ce genre, qui avaient été présentés à l'Exposition universelle de 1867, par l'Imprimerie impériale de Vienne, étaient coloriés par les procédés particuliers d'impression en couleur que l'on emploie à Vienne avec tant de supériorité.

L'intérêt qui s'attache aux produits, encore si peu connus parmi nous, de l'*impression naturelle*, nous engage à donner quelques dé-tails sur l'origine de ce mode d'impression, qui a reçu de la galva-noplastie un perfectionnement si utile.

Les premières expériences pour employer la nature comme agent d'impression, remontent au commencement du dix-septième siècle. Les grandes dépenses qu'occasionnait alors la gravure sur bois, avaient conduit plusieurs naturalistes à faire des essais pour employer directement, la nature elle-même comme moyen de re-production. On trouve dans le *Book of art* d'Alexis Pedemontanus, imprimé en 1572, les premières indications pour obtenir l'impression des plantes.

Plus tard, un Danois, nommé Welkenstein, donna, comme on le voit dans les *Voyages de Monconys*, publiés en 1650, des instructions sur le même sujet. Le procédé de Welkenstein, bien connu aujourd'hui de la plupart des jardiniers et des collégiens, consistait à tenir la plante au-dessus d'une chandelle ou d'une lampe, de telle sorte qu'elle fût entièrement noircie par la fumée. En plaçant la plante ainsi noircie entre deux feuilles de papier, et frottant doucement au moyen d'un couteau d'ivoire, la suie venait imprimer sur le papier les veines et les fibres de la plante.

Ajoutons que ce procédé, si simple, a reçu de nos jours un léger perfectionnement. On réduit en poudre impalpable un morceau de pastel de la couleur qui se rapproche le plus de celle de la plante, on en fait une pâte avec de l'huile d'olive ; on opère, comme précédemment, et les veines et les fibres de la plante viennent s'imprimer en couleur sur le papier blanc. On obtient ainsi de fort beaux résultats pour la copie de toutes les plantes vertes, et cette impression demeure ineffaçable[10].

C'est un artiste nommé Branson qui eut le premier, en Allemagne, l'idée de reproduire par la galvanoplastie les images fournies par l'*impression naturelle*, dont la connaissance remontait, comme on le voit, à une époque éloignée. On doit à Leydoldt l'idée de reproduire, par la précipitation du cuivre, les objets de minéralogie, tels que les agates, les fossiles et les pétrifications, en les plaçant directement dans le bain électro-chimique. Enfin, c'est un autre artiste de l'imprimerie impériale de Vienne, M. Worring, qui a mis à exécution les plans de Leydoldt et Haydinger, qui avaient les premiers employé les rouleaux d'acier et de plomb pour former l'empreinte de l'objet sur une lame métallique[11].

À côté des produits de l'*impression naturelle*, on voyait à l'Exposition universelle de 1867, une série d'œuvres galvanoplastiques dignes d'intérêt à bien des égards. Nous voulons parler de l'*Imprimerie à l'usage des aveugles*, dont plusieurs spécimens existaient dans le petit pavillon consacré à l'exposition de la Suède et dans celle de l'Autriche.

C'est une belle chose, la science qui dévoile à notre esprit les res-

72

sorts cachés de tous les phénomènes de l'univers ; c'est une belle chose, l'industrie qui nous apprend à tirer le parti le plus utile des forces qui nous entourent ; mais on leur reproche, non sans raison peut-être, de trop laisser dans l'ombre le côté moral, l'un des plus beaux attributs de l'humanité. Que la science étende à l'infini le cercle de ses conquêtes ; qu'entre ses mains, l'électricité obéissante se plie à tous nos désirs ; qu'elle transforme la vapeur en un agent universel, propre à exécuter les travaux les plus délicats, comme à triompher des plus formidables résistances, on admire de tels résultats, on s'étonne de leur grandeur. Mais combien la science nous paraît noble et touchante, quand elle applique ces mêmes moyens à adoucir les maux de nos semblables ! Quel sentiment profond de reconnaissance s'élève en nos cœurs, lorsqu'après avoir créé, avec la photographie, toutes les merveilles qui nous charment, après avoir découvert de magiques propriétés dans l'action de la lumière, le savant vient à songer encore aux infortunés qui ne la voient pas !

De tous les malheureux qui souffrent sur cette terre, il n'en est pas de plus à plaindre que les aveugles ; on ne peut réfléchir un instant à leur sort, sans ressentir une compassion profonde. De ces infortunés le nombre est d'ailleurs plus considérable qu'on ne l'imagine. Interrogez la statistique, elle vous dira qu'il existe en France, plus de 30 000 aveugles ; on en trouve le même nombre dans les pays allemands, et la Hongrie en compte 24 000. Si vous passez en d'autres climats, la proportion est bien plus élevée encore : vous trouverez en Egypte 1 aveugle sur 150 habitants.

C'est de ce peuple d'affligés, épars dans les divers points du monde, que le conseiller Aüer, directeur de l'Imprimerie impériale de Vienne, s'est préoccupé en composant, par les moyens économiques de la galvanoplastie, une imprimerie en relief applicable à la lecture et à l'écriture. Après avoir étudié les principaux moyens d'impression à l'usage des aveugles, qui sont employés chez les divers peuples depuis que Valentin Haüy conçut cette idée ingénieuse et touchante, M. Aüer a composé une imprimerie très-simple, grâce à laquelle un aveugle peut rapidement écrire, ou plutôt composer, des pages d'imprimerie, qui lui permettent d'exprimer sa pensée et de comprendre celle des autres. On a confectionné, d'après le même système, des caractères en langue orientale pour les aveugles, si nombreux, des régions asiatiques. Des signes de géométrie, des notes de musique, une série d'objets d'histoire naturelle, des plantes, des animaux, etc., propres à l'instruction, complètent cette collection curieuse ; une nombreuse série de planches d'imprimerie à l'usage des aveugles se voyait dans le petit pavillon de la Suède, et formait une suite d'albums métalliques que l'on ne pouvait voir sans un vif sentiment d'intérêt.

À l'aide de cette imprimerie d'un genre spécial, on peut donner à tout malheureux privé de la vue, le moyen de remplir le vide de son existence. Une seule personne attachée à ce travail, peut, en copiant les pages de nos principaux auteurs, composer, pour les aveugles, une bibliothèque sans cesse renouvelée, et qui, sous leurs doigts agiles, semble leur rendre la lumière qui leur manque. Il n'y a pas en France de petit arrondissement qui n'ait aujourd'hui son imprimerie ; serait-il impossible d'en donner une aux 30 000 aveugles qui languissent dans notre patrie ?

Grâces vous soient rendues, honnête et bon conseiller, qui avez arrêté votre savante sollicitude sur des infortunes si dignes de la sympathie générale ! Vous avez pensé qu'à une époque où la société étend sa main charitable jusque sur les coupables retranchés de son sein par suite d'écarts ou de crimes, il n'était pas inutile de songer aussi aux pauvres aveugles, qui n'ont rien fait pour mériter leur sort. Et votre inspiration fut heureuse, d'emprunter pour eux le secours de l'imprimerie, c'est-à-dire de la source la plus abondante de toute lumière morale.

Nous avons rapidement envisagé les applications diverses que l'on a faites jusqu'à ce jour de la galvanoplastie. Nous avons dû passer sous silence beaucoup de faits du même genre, parce que la pratique n'a pas encore permis d'en apprécier suffisamment la valeur. On aimerait à pouvoir fixer dès aujourd'hui l'avenir réservé à ces moyens nouveaux. Cependant il est impossible de prévoir encore le rôle qu'ils sont appelés à jouer dans l'industrie moderne, et de marquer définitivement leur place parmi les conquêtes récentes de la science et des arts.

Parmi les procédés et les perfectionnements de la galvanoplastie que nous voyons chaque jour se produire, il en est qui sont destinés peut-être à opérer une révolution dans la métallurgie ; il en est d'autres qui ne seront jamais que des jeux d'enfants. L'Exposition universelle de 1867 a montré avec éclat l'état florissant où se trouvent aujourd'hui, en France, en Angleterre et en Allemagne, les applications de la galvanoplastie. On a vu dans le cours de cette notice, quel nombre infini d'emplois variés la galvanoplastie peut recevoir dans différentes branches de l'industrie et des arts. Ses applications à la gravure et à la typographie sont d'un usage quotidien, et l'imprimerie à bon marché serait bien impuissante sans la galvanoplastie. D'un autre côté, les procédés électro-chimiques, appliqués à la reproduction d'objets d'argent, apportent à l'orfèvrerie des ressources de la plus haute importance. La galvanoplastie du cuivre lui rend déjà des services notables pour la reproduction d'un assez grand nombre de pièces usuelles ou d'ornement, où elle permet d'économiser le travail, si dispendieux, de la ciselure. L'électro chimie est ainsi devenue, dès aujourd'hui, un accessoire des plus sérieux de la fonte et de la ciselure des métaux, en attendant qu'elle devienne leur rivale.

CHAPITRE VI

APPLICATIONS DES PROCÉDÉS GALVANIQUES A LA DORURE ET A L'ARGENTURE DES MÉTAUX. — LA DORURE CHEZ LES ANCIENS. — L'ART DE DORER AU MOYEN AGE. — LA DORURE AU MERCURE. — PREMIERS ESSAIS DE DORURE PAR LA PILE. — RÉSULTATS OBTENUS PAR BRUGNATELLI. — PREMIERS ESSAIS DE M. DE LA RIVE. — OBSERVATION D'ELSNER. — M. DE LA RIVE DORE LE PLATINE AU MOYEN DE LA PILE, — DÉCOUVERTE DE LA DORURE PAR IMMERSION PAR ELKINGTON. — DÉCOUVERTE DE LA DORURE ET DE L'ARGENTURE GALVANIQUES PAR HENRI ET RICHARD ELKINGTON.

De tout temps, on a appelé l'or et l'argent des métaux précieux. Ce qui leur a mérité ce titre, ce n'est pas seulement leur beauté et leur éclat, car l'acier a plus d'éclat que l'argent, et la couleur du cuivre neuf et reluisant, vaut bien celle de l'or. Ce qui rend précieux les métaux que l'antiquité et le moyen âge appelaient *nobles*, c'est leur inaltérabilité. Comme la noblesse morale ou la noblesse de race, rien ne peut les ternir ou les altérer. L'air humide, qui attaque si promptement les métaux vils, tels que le plomb, le fer ou l'étain, ne peut rien sur l'argent ni l'or ; et ce dernier métal résiste même aux émanations d'hydrogène sulfuré, ce grand ennemi des métaux.

Aussi l'or est-il un métal, pour ainsi dire, éternel, autant qu'il est permis de prononcer ce mot pour des objets terrestres. Examinez dans les musées et les collections archéologiques, quels sont les bijoux, quelles sont les médailles, quelles sont les monnaies, qui se sont conservés vierges de toute altération, vous reconnaîtrez que ce sont des objets d'or. Les monnaies de cuivre et de bronze s'en sont allées en poussière ; les instruments de fer ne sont plus que de la rouille, et les médailles de plomb ne forment qu'une masse informe et grisâtre. Au milieu de cette ruine des métaux usuels, des colliers, des bracelets, des agrafes d'or, brillent dans nos musées, comme au temps où ils servaient à embellir la demeure ou à former la parure des patriciennes de Rome. C'est dans le musée de Naples, où l'on a rassemblé l'innombrable collection d'objets de toute nature trouvés en déblayant Pompéi, que nous avons pu vérifier par nous-même, la justesse de cette remarque. Les bijoux et les ornements d'or s'y voient en profusion ; non que ce métal servît uniquement pour l'ornement de la toilette des habitants de Pompéi, mais parce que, seul, l'or a résisté à l'action du temps.

Dans les rares vestiges qui nous restent de la Rome des empereurs, dans les quelques débris, encore debout, des temples de l'ancienne Egypte, on retrouve çà et là quelque parcelle de dorure. Ici l'or a duré plus que le granit ou le calcaire. En effet, le granit se désagrège et se dissout, en partie, au contact prolongé de l'atmosphère, et le calcaire finit par être emporté par les eaux coulant au contact de l'air et chargées de gaz acide carbonique. Tous ces agents atmosphériques sont sans action sur l'or.

Il est une autre qualité, une qualité physique, qui centuple les avantages de l'or, comme métal usuel : c'est sa malléabilité, c'est-à-dire la propriété qu'il possède, de s'étendre sous le marteau en lames, puis en feuilles, prodigieusement minces. Tout le monde a lu, dans les traités de physique, des exemples extraordinaires de la malléabilité de l'or. On a vu par exemple, qu'une once d'or peut se réduire en feuilles, qui, étalées, couvriraient un espace de 50 mètres carrés.

Cette prodigieuse malléabilité fait que l'or est, en définitive, un métal économique. Si nous jetons les yeux autour de nous, dans nos demeures, sur nos places publiques, sur nos monuments, dans toutes nos décorations, nous y verrons de l'or partout, de l'or jeté à profusion, avec une sorte de prodigalité. Mais cette prodigalité n'est qu'apparente ; elle cache une véritable, une incontestable économie. La double propriété de ce métal ? de résister aux agents atmosphériques et de pouvoir s'étendre en feuilles infiniment minces, explique l'innombrable diversité de ses applications usuelles. Réduit à l'état de lames ou de feuilles de la plus petite épaisseur, l'or conserve toute son inaltérabilité ; si bien que l'on peut rendre indestructibles les métaux et d'autres substances, au moyen d'une couche extrêmement faible d'or. Remarquez enfin, que la couleur brillante et pure de ce métal, est toujours d'un admirable effet, et vous comprendrez que, de tout temps, autrefois comme aujourd'hui, l'or ait été employé et comme objet de décor et comme moyen de préservation.

La dorure, qui résume à elle seule tous les emplois de l'or, a donc été en usage dès les temps les plus anciens. Elle embellissait les temples des dieux, aux premiers temps de la civilisation orientale ; elle revêtait les lambris et les plafonds des sanctuaires mystérieux de l'ancienne Egypte ; elle couvrait jusqu'au toit du temple de Jérusalem, et décorait l'intérieur des tabernacles de ce temple vénéré. Elle fut prodiguée dans les palais des Césars, comme dans les basiliques de Rome, Les cathédrales du moyen âge lui empruntèrent leurs plus somptueuses décorations ; et de nos jours, encore, c'est la dorure qui orne, non-seulement nos palais et nos demeures aristocratiques, mais encore nos salons bourgeois et nos vulgaires cafés. Ajoutons que les meubles usuels, les grillages de fer, les cadres de glace, les sièges, les pendules, les lampes, etc., etc., demandent à la fois leur ornementation et leur conservation à une mince pellicule de ce métal précieux.

On ne connaît pas exactement les procédés de dorure qui servaient aux anciens Orientaux ; mais on sait fort bien, grâce à l'*Histoire naturelle de Pline*, cet inappréciable recueil des procédés de l'industrie et des arts chez les Romains, comment se pratiquait alors la dorure.

Les Romains appliquaient l'or, soit en feuilles minces, comme nous le faisons aujourd'hui, soit en incrustations de lames d'une certaine épaisseur.

Les plafonds des palais ou des riches demeures et les statues des dieux, étaient dorés avec des feuilles d'or étendues sous le marteau, entre des lames de peau, comme le font nos batteurs d'or modernes. D'une once d'or, on tirait 750 feuilles de quatre travers de doigt en carré. Les plus minces feuilles se nommaient *bracteæ quæstoriæ (feuilles de questeurs)* ; les plus épaisses,*bracteæ Prænestinæ*, parce que la statue de la Fortune, à Préneste, était dorée avec ces feuilles. On appliquait les feuilles d'or sur les métaux ou sur le bois, préalablement revêtu d'un enduit nommé *leucophoron*, et quelquefois de blanc d'œuf, ou de colle forte, comme le font encore nos doreurs. Les incrustations de lames plus épaisses se faisaient à peu près comme nos incrustations d'ivoire ou d'acajou.

Ces incrustations se payaient, d'ailleurs, un très-haut prix. L'empereur Domitien dépensa plus de douze mille talents (36 millions de francs de notre monnaie), pour dorer le temple de Jupiter Capitolin. On vit faire, au temps des empereurs, de véritables folies en fait de dorures. Lorsque Tiridate, roi d'Arménie, vint faire une visite à Néron, cet empereur fit entièrement revêtir d'or, non de simple dorure, mais de lames solides, de véritables pièces d'orfèvrerie, tout le temple de Pompée. Cette décoration somptueuse avait été préparée pour un seul jour de fête, et l'on vit dans le temple de Pompée, une telle profusion de vases et d'ornements d'or, que cette journée conserva dans l'histoire le nom de *journée d'or*.

L'argenture était beaucoup moins répandue, chez les Romains, que la dorure. L'art de réduire l'argent en feuilles minces, par le battage au marteau, c'est-à-dire l'*argenture à la feuille*, fut inconnu des Romains. Leur argenture consistait en un plaqué d'argent. Nous avons vu au musée de Naples plusieurs vases de table ou objets de vaisselle, en cuivre plaqué d'argent.

Le plaquage d'argent fut très-usité au moyen âge. Certaines pièces d'orfèvrerie, telles que des bagues, des anneaux de l'époque mérovingienne, sont faites de cuivre recouvert d'une feuille épaisse d'argent. Les artistes arabes, tant en Espagne qu'en Afrique et en Asie, exécutaient admirablement ce plaqué d'argent, qui était souvent embelli de damasquinures du plus bel effet.

C'est au moyen âge qu'appartient la découverte de la dorure par l'intermédiaire du mercure, qui devint bientôt d'un usage universel en Europe. On faisait dissoudre de l'or dans du mercure, on passait l'amalgame à travers une peau de chamois, pour chasser l'excès de mercure non combiné : l'amalgame qui restait dans le nouet, servait à la dorure. On recouvrait de cet amalgame, au moyen d'une brosse ou d'un pinceau, le cuivre ou l'argent qu'il s'agissait de dorer, et l'on exposait ensuite la pièce à l'action du feu. Le mercure s'évaporait, et l'or restait fixé sur le métal. Il ne restait plus qu'à le polir par le brunissoir.

Les artistes italiens du moyen âge doraient au feu sans mercure. Ils commençaient par rayer, à faibles coups de lime, la surface du métal à dorer ; ils la chauffaient ensuite, jusqu'à ce qu'elle prît une couleur bleue par l'oxydation, et ils la recouvraient alors d'une lame d'or, en la frottant au moyen d'un brunissoir. La double action du brunissoir et de la chaleur déterminait une parfaite adhérence du métal précieux.

L'argenture ne se faisait point par amalgame, mais presque toujours par le dernier moyen que nous venons de décrire, c'est-à-dire en appliquant des feuilles d'argent au moyen du brunissoir, sur le métal à dorer. Les argentures légères s'opéraient par l'*argenture au pouce*, c'est-à-dire en frottant le métal à argenter avec différentes compositions, qui revenaient toutes à un mélange de chlorure d'argent et de sel marin, appliqué à froid ou à chaud. Le sel marin formait avec le chlorure d'argent, un chlorure double soluble, lequel étant décomposé par le cuivre ou le laiton laissait l'argent à l'état métallique.

Depuis le moyen âge jusqu'au commencement du siècle actuel, les procédés d'argenture sont restés les mêmes. L'argenture à forte épaisseur s'exécutait par la méthode du plaqué, et donnait le *plaqué d'argent*, dont le titre est fixé par la loi. L'argenture légère s'obtenait par l'*argenture au pouce*. Quant à la dorure, elle se faisait toujours par l'amalgame, c'est-à-dire par l'intermédiaire du mercure. Ce procédé est resté en usage jusqu'à l'année 1850 environ.

Mais la dorure au mercure était un procédé funeste à la santé des ouvriers. Voici, en effet, comment on l'exécutait, pour dorer le bronze ou le cuivre. On dissolvait de l'or dans une certaine quantité de mercure ; et l'amalgame ainsi formé servait à barbouiller la pièce métallique. En exposant ensuite le cuivre ou le bronze recouvert de cet amalgame, à l'action du feu, le mercure s'évaporait et laissait à la surface du métal, une couche d'or, qu'il ne restait plus qu'à polir, à l'aide du brunissoir. Mais la nécessité de tenir les mains constamment en contact avec le mercure, et surtout la présence de ce métal en vapeurs dans l'atmosphère des ateliers, altéraient rapidement la santé des ouvriers doreurs. Le résultat presque constant de ces opérations dangereuses était la maladie connue sous le nom de *tremblement mercuriel*, auquel peu d'ouvriers pouvaient se soustraire, et qui compromettait leur existence de la manière la plus grave.

À diverses époques, on avait essayé de parer à l'insalubrité de cette industrie. En 1816, un ancien ouvrier, devenu riche fabricant de bronzes, M. Ravrio, avait institué un prix de 3 000 francs pour l'assainissement de l'art du doreur. L'Académie des sciences décerna ce prix au chimiste Darcet, qui construisit, pour les ateliers de la dorure au mercure, des cheminées de forme et de dimensions particulières, calculées pour augmenter considérablement le tirage et entraîner au dehors toutes les vapeurs.

Cependant cette amélioration apportée à la disposition des ateliers n'avait qu'imparfaitement remédié au mal, car les ouvriers, avec leur insouciance ordinaire, ne tenaient aucun compte des précautions recommandées, et les fabricants de Paris eux-mêmes, bien que contraints par l'Administration à construire leurs fourneaux dans le système de Darcet, se dispensaient de les faire fonctionner dans leur travail habituel. La statistique n'avait donc pas eu de peine à démontrer que la profession de doreur sur métaux était une de celles qui apportaient le contingent le plus triste au martyrologe de l'industrie.

Un fait curieux et peu connu donnera une idée des difficultés que présentait, à cette époque, la dorure des métaux, et des dangers qui accompagnaient la dorure par l'emploi du mercure, le seul procédé qui fût alors connu.

En 1837, il s'agissait de dorer la coupole extérieure de l'église de Saint-Isaac à Saint-Pétersbourg. Ce travail fut concédé, au prix de 600 000 roubles d'argent (deux millions quatre cent mille francs) à un orfèvre et fabricant anglais, nommé Baird, qui résidait à Saint-Pétersbourg. Mais de quels dangers ne s'accompagnait pas ce travail ! Les plaques à dorer étant de dimensions considérables, on n'avait pu trouver des fourneaux à tirage assez grands pour recevoir ces plaques de cuivre recouvertes d'amalgame, et éviter ainsi les dangers de la diffusion dans les ateliers des vapeurs de mercure. Il avait donc fallu se décider à opérer en plein air.

À cet effet, on avait construit des fourneaux de forme allongée, sur lesquels on posait les grandes plaques de cuivre qu'il fallait dorer. L'ouvrier chargé d'exécuter cette dorure, avait à accomplir une bien dangereuse opération. Il devait frotter avec l'amalgame d'or, la plaque de cuivre, étendue sur le fourneau allumé, et chauffée directement par ce fourneau. L'amalgame, à peine appliqué, recevant l'action de la chaleur, se décomposait ; l'or restait appliqué sur le cuivre, et le mercure s'évaporait dans l'air libre.

Mais comment défendre l'ouvrier de l'inspiration des vapeurs mercurielles ? On y était parvenu tant bien que mal. L'ouvrier, le visage couvert d'un masque de verre, enveloppé des pieds à la tête, de plusieurs fourrures, était suspendu, à plat ventre, sur une planche. On le déplaçait au fur et à mesure qu'il avait couvert de dorure une partie de la plaque, en tirant, au moyen d'une corde, la planche qui le soutenait en l'air.

Nous n'avons pas besoin de dire que ces précautions étaient fort insuffisantes, et que ce travail était véritablement meurtrier. Plusieurs ouvriers moururent d'intoxication mercurielle. Deux cents demeurèrent malades toute leur vie et durent être recueillis par le gouvernement dans une maison d'invalides[12].

Ce procédé était, en même temps, fort dispendieux, car on perdait, par les bords de la plaque, une notable quantité d'amalgame d'or. Un spéculateur qui acheta les cendres des fourneaux et la terre environnante, en retira pour plus de 30 000 francs d'or.

Les dangers du procédé de dorure par le mercure, sont suffisamment établis par le sort funeste des ouvriers qui furent employés, en 1837, à la dorure de la coupole de Saint-Isaac, à Saint-Pétersbourg.

La découverte de la galvanoplastie arriva sur ces entrefaites. De toutes parts on s'occupait de chercher et d'étendre ses applications. Il vint donc naturellement à l'esprit des industriels et des savants, la pensée d'employer l'agent galvanique comme moyen de dorure. Dès l'année 1838, on commença à tenter les applications de la galvanoplastie à l'art du doreur, et dès ce moment il devint probable que le succès couronnerait ces efforts. Mais ce qu'il était difficile de prévoir, c'est que l'application des moyens électro-chimiques pût donner immédiatement de si beaux résultats, que l'industrie de la dorure au mercure en fût totalement supprimée, et qu'à la place de ces pratiques si nuisibles à la santé des ouvriers, on vît s'élever en quelques années une industrie nouvelle, plus économique dans ses procédés, plus prompte dans ses opérations et tout à fait exempte de dangers.

Nous allons rapporter la série des travaux qui ont eu pour résultat de créer la nouvelle industrie de la dorure et de l'argenture voltaïques.

Les premiers] essais de dorure par la pile ont suivi de près la découverte de cet instrument par Volta. Ils sont dus au physicien Brugnatelli, collègue de Volta à l'Université de Pavie, et qui l'accompagna pendant le voyage mémorable que l'inventeur de la pile fit à Paris, en 1800, l'année même de la découverte de cet instrument. Nicholson, Cruikshank, Volta lui-même avaient décomposé des sels et des oxydes métalliques, par la pile, et précipité le métal des dissolutions de divers sels métalliques. Mais ces dépôts étaient pulvérulents, lamelleux ou cristallisés ; ils n'offraient point l'apparence ordinaire d'un métal. C'est en 1802 que Brugnatelli fit connaître une méthode pour obtenir, par la pile, un dépôt d'or et d'argent en couche régulière, uniforme et plus ou moins adhérente au corps sous-jacent.

Brugnatelli se servait de composés dont la pratique se serait fort mal accommodée, puisque ce sont des corps détonants, à savoir : l'*or* et l'*argent fulminants*, en d'autres termes les *ammoniures* d'or et d'argent, que l'on obtient en traitant par l'ammoniaque les dissolutions d'azotate d'argent et de chlorure d'or. Il réduisait également l'ammoniure de platine, par l'action du courant voltaïque. Le platine ainsi réduit était à l'état pulvérulent ; mais quand on frottait la pièce recouverte de cette poudre de platine, elle prenait le brillant et l'aspect du métal.

L'ammoniure d'or servit à Brugnatelli pour obtenir un dépôt d'or par la pile.

Voici comment Brugnatelli, dans une lettre adressée en 1802, au *Journal de physique et de chimie*, publié en Belgique par Van

Mons, décrit la manière d'obtenir un dépôt de platine sur le *fil conducteur* de la pile voltaïque. Il prend de l'ammoniure de platine, et, le soumettant à l'action de la pile, il obtient sur le *fil d'or servant de conducteur*, un dépôt de platine. En prenant l'ammoniure d'or, c'est-à-dire l'*or fulminant*, et le décomposant par la pile de la même manière, Brugnatelli déposa de l'or sur une médaille d'argent attachée au fil conducteur de la pile par un fil d'acier.

« La méthode la plus expéditive de réduire, à l'aide de la pile, les oxydes métalliques dissous, est, dit le chimiste italien, de se servir à cet effet de leurs ammoniures ; c'est ainsi qu'en faisant plonger les extrémités de deux fils conducteurs de platine dans l'ammoniure de mercure, on voit, en peu de minutes, le fil du pôle négatif se couvrir de gouttelettes de ce métal ; de cobalt, si l'on opère avec du cobalt ; d'arsenic, si l'on opère avec de l'arsenic, etc… Je me servis de fils d'or pour réduire de cette manière l'ammoniure de plaline que j'ai dernièrement obtenu et examiné. Le platine ainsi réduit sur l'or a une couleur qui tourne vers le noir ; mais, étant frotté entre deux morceaux de papier, il prend l'éclat de l'acier. Je fis usage de fil d'argent pour réduire l'or, ce qui réussit promptement[13]. »

« J'ai dernièrement doré, d'une manière parfaite, dit le même chimiste dans un autre journal, deux grandes médailles d'argent, en les faisant communiquer, à l'aide d'un fil d'acier, avec le pôle négatif d'une pile de Volta, et en les tenant, l'une après l'autre, dans des ammoniures d'or nouvellement faits et bien saturés[14]. »

En 1807, un recueil scientifique italien, la *Bibliotheca di Galiardo*, ajouta quelques renseignements à la description qui précède. Nous rapporterons ce dernier passage, pour éclaircir ce que cette première citation a d'obscur et de laconique.

« Prenez une partie saturée d'or dissous par l'eau régale, ajoutez-y six parties d'ammoniaque liquide, la dissolution s'y décompose, et il se précipite un thermoxyde d'or, qui se dissout aussitôt en partie pour former l'ammoniure d'or. On recueille ce mélange dans un vase de verre. Les objets destinés à être dorés sont fixés solidement à un fil d'acier ou d'argent, que l'on fait ensuite communiquer au pôle négatif d'une pile voltaïque. L'objet en argent qui doit être doré doit être plongé entièrement dans le liquide contenant l'ammoniure d'or. Le courant galvanique est fermé par une grosse bande de carton mouillé, qui de l'ammoniure passe au pôle négatif de la pile. En quelques heures l'argent se trouve entièrement doré par l'action galvanique. La dorure peut être mise en couleur par les moyens ordinaires, et on lui fait prendre le plus vif éclat avec la gratte-boësse des doreurs[15]. »

Il est donc bien établi que Brugnatelli est le premier qui ait doré par l'emploi de la pile voltaïque. Seulement son expérience donne carrière à bien des discussions. Brugnatelli parle, en effet, d'ammoniures d'or et d'argent *dissous*. Mais l'ammoniure d'or et d'argent, c'est-à-dire l'or et l'argent fulminants, sont insolubles, et l'auteur ne dit pas dans quel véhicule il les a fait dissoudre. On ne saurait admettre qu'il opérât sur ces composés insolubles, car le courant électrique aurait été sans action sur eux. Dans un rapport d'expertise, MM. Barrai, Chevallier et Henri, ont essayé de répéter l'expérience de Brugnatelli, en suivant les indications données par l'auteur, et ils n'ont obtenu qu'une dorure fort imparfaite ; de sorte qu'on ne peut savoir avec quel dissolvant de l'or ou de l'argent fulminant opérait Brugnatelli dans l'expérience dont on a tant parlé.

De tout cela, il faut, selon nous, conclure que les expériences du physicien de Pavie, exécutées tout à fait au début de la science, ne furent que des tâtonnements, des essais, auxquels l'auteur dut renoncer promptement, par suite de l'insuccès qu'il éprouva.

Un physicien, dont nous avons souvent cité le nom, M. de la Rive, de Genève, reprit, en 1825, les essais de Brugnatelli. Il essaya de dorer les métaux en décomposant le chlorure d'or par la pile, et plaçant au pôle négatif l'objet à dorer.

M. de la Rive ne put parvenir à aucun résultat, par cette raison que le chlorure d'or décomposé par la pile mettait en liberté du chlore, lequel attaquait le cuivre qu'il s'agissait de dorer. Le physicien de Genève ne parvint à dorer que le platine, résultat pratique d'une assez mince utilité, on en conviendra, et cela parce que le platine n'est pas attaqué à froid par le chlore provenant de l'action de la pile sur le chlorure d'or.

« Mes essais ne furent pas heureux, dit M. de la Rive, je ne réussis à dorer que le platine. Quant au laiton et à l'argent, je ne réussis point à les dorer. L'action chimique qu'exerçait sur ces métaux la dissolution d'or, toujours très-acide, les dissolvait eux-mêmes et empêchait l'or d'adhérer à leur surface[16]. »

Quinze ans après cette époque, c'est-à-dire en 1840, guidé par les beaux résultats obtenus par M. Becquerel avec des courants électriques d'une faible intensité, encouragé aussi par les premiers succès de Jacobi, qui commençaient à faire dans le monde savant une certaine sensation, M. de la Rive reprit ses premières tentatives. Il fut plus heureux cette fois, bien qu'il ne pût résoudre encore qu'une partie du problème. Il parvint seulement à dorer l'argent, le cuivre et le laiton, ce qui était un progrès sensible.

Voici comment opérait M. de la Rive. La dissolution qu'il employait était le chlorure d'or neutre ; la source d'électricité, une pile simple. La figure 193 représente cet appareil. L'objet à dorer était placé, ainsi que la dissolution de chlorure d'or, dans un vase cylindrique B, formé d'un morceau de baudruche ; on plongeait le tout dans un autre vase A, rempli d'eau acidulée par l'acide sulfurique : une lame de zinc Z était placée dans ce dernier vase, et communiquait, au moyen d'un fil de cuivre a, avec le métal à dorer. Cet appareil différait peu de celui que nous avons décrit dans les premières pages de cette notice (figures 166 et 167) sous le nom d'*Électrotype de Smée*.

Cependant le moyen de dorure employé par M. de la Rive était imparfait. La première couche d'or était assez épaisse et assez adhérente, mais les autres couches devenaient pulvérulentes ; il fallait alors retirer la pièce, la frotter de manière à enlever la couche pulvérulente, puis la remettre dans la dissolution, et répéter ainsi l'opération un certain nombre de fois avant d'avoir une couche d'or suffisamment épaisse. En outre, on ne réussissait pas toujours à obtenir un ton de dorure convenable. Souvent le chlore, rendu libre par la décomposition du chlorure d'or, venait attaquer et noircir la pièce, malgré la couche d'or dont elle était revêtue. Enfin, une grande portion de l'or se déposait sur la vessie, ce qui amenait une perte notable de ce métal.

Les essais de M. de la Rive n'eurent donc pas de suites au point de vue industriel. Cependant les succès croissants de la galvanoplastie faisaient aisément comprendre qu'il ne serait pas impossible d'en tirer, en la perfectionnant, un parti avantageux. En effet, ce que Jacobi avait exécuté avec le cuivre, on pouvait espérer le reproduire avec l'or, métal d'une ductilité et d'une malléabilité bien supérieures à celles du cuivre. La non-réussite du procédé de M. de la Rive devait donc être attribuée à la nature des dissolvants employés par ce physicien, plutôt qu'à l'or lui-même, et le problème de la dorure galvanique était simplifié jusqu'au point de ne plus exiger que la recherche de dissolutions particulières de l'or, et l'application à ces liquides de ces piles à courant constant et régulier, qui donnaient, dans les expériences galvanoplastiques, de si favorables résultats.

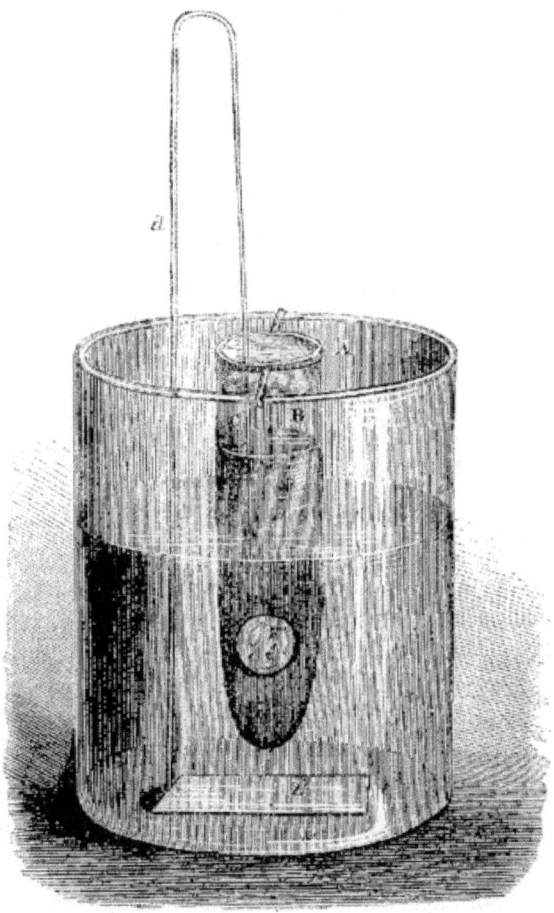

Fig. 193. — Appareil de M. de la Rive pour la dorure voltaïque, au moyen du chlorure d'or.

Un chimiste allemand, M, Elsner, fit faire un grand pas à la question, en démontrant, ce que M. de la Rive avait du reste déjà signalé, que le défaut d'adhérence entre l'or et le métal à dorer, tenait à l'acidité de la liqueur, l'acide attaquant le métal avant que l'or l'eût recouvert. De là le précepte, pour obtenir une bonne dorure, d'opérer dans des liqueurs neutres ou alcalines.

L'avantage d'opérer dans des bains neutres fut démontré par les expériences d'un autre chimiste allemand, M. Böttger, qui parvint à dorer parfaitement le fer et l'acier, en faisant usage de chlorure d'or et de potassium, sel double qui n'a point de réaction acide, quand il est bien préparé et purifié par plusieurs cristallisations.

Quant à l'utilité d'opérer dans des liqueurs alcalines, elle fut démontrée par le succès complet qui couronna, en Angleterre, les travaux de MM. Elkington.

MM. Henri et Richard Elkington étaient les chefs d'une usine très-importante de Birmingham. En 1836, ils avaient fait la découverte d'un procédé de dorure du cuivre, non par la pile, mais par la simple immersion du cuivre dans une liqueur alcaline contenant du chlorure d'or.

Depuis longtemps les horlogers savaient dorer les pièces de cuivre des rouages de montres ou de pendules, en les plongeant dans une dissolution de chlorure d'or bien neutre, et Baumé avait recommandé, pour bien réussir, d'employer une dissolution d'or la plus neutre possible[17]. On s'était même parfaitement trouvé, pour obtenir une bonne dorure, de dissoudre le chlorure d'or dans l'éther sulfurique.

Macquer proposa ensuite de dissoudre l'or dans un carbonate alcalin. C'était la véritable solution du problème, car les chimistes Proust, Pelletier et Duportal réussirent parfaitement à dorer le cuivre avec une dissolution de chlorure d'or dans le carbonate de potasse. Cependant aucun de ces chimistes n'avait songé à transporter dans l'industrie le procédé de dorure par le chlorure d'or additionné de carbonate de potasse.

MM. Elkington, après avoir vérifié par l'expérience les avantages de la dorure par immersion, et trouvé les meilleures méthodes pratiques pour exploiter industriellement ce genre de dorure, commencèrent à la mettre en usage dans leurs ateliers de Birmingham.

En 1836, MM. Elkington firent breveter en France le procédé pour la *dorure au trempé* ; et Berzelius, en 1839, signalait cette méthode à l'attention des chimistes, dans son *Annuaire des progrès de la chimie*.

Voici en quoi consiste le procédé de la *dorure au trempé* ou par *immersion*, sur lequel nous aurons à revenir dans le chapitre suivant.

On dissout 155 grammes d'or dans l'eau régale ; on étend cette dissolution dans 18 litres d'eau, et l'on ajoute 9 kilogrammes de bicarbonate de potasse ; puis on fait bouillir la liqueur pendant deux heures. Pour dorer le cuivre ou le laiton, il suffit de les plonger, pendant un quart de minute, dans cette dissolution bouillante. Le chlore du chlorure d'or dissout le cuivre, et l'or réduit se dépose sur le cuivre.

Mais la *dorure au trempé* ne pouvait fournir à la surface du cuivre, qu'une pellicule d'or excessivement mince. Voulant obtenir des dépôts de plus grande épaisseur, et d'une épaisseur que l'on pût augmenter à volonté, MM. Elkington songèrent à faire usage de la pile.

Les insuccès que les opérateurs avaient rencontrés jusque-là, dans les diverses tentatives faites pour dorer au moyen de la pile, tenaient à ce que l'on avait fait usage de bains acides. S'appuyant sur les excellents résultats que leur fournissaient les liqueurs alcalines pour la dorure par immersion, MM. Elkington essayèrent de dorer dans les mêmes bains, au moyen du courant voltaïque, et le succès couronna cette expérience.

Le procédé employé par MM. Elkington pour dorer par la pile, consistait à prendre un bain alcalin, composé d'oxyde d'or dissous dans du prussiate de potasse. Au fil négatif d'une pile de Daniell, plongeant dans cette liqueur, on attachait l'objet à dorer, et bientôt l'or se déposait sur le cuivre.

Nous croyons devoir rapporter le texte du brevet d'invention *pour la dorure et l'argenture voltaïques* qui fut pris par Henri Elkington, le 29 septembre 1840, car c'est là, pour ainsi dire, l'acte de naissance de la dorure voltaïque.

« Les perfectionnements dont il s'agit ont pour objet, dit M. H. Elkington, de couvrir d'or certains métaux à l'aide d'un courant galvanique.

« Au lieu d'employer une solution de chlorure d'or, comme je l'ai indiqué dans mes précédents brevets, je fais usage d'un oxyde d'or préparé par les moyens connus, ou de l'or divisé que je fais dissoudre dans une solution de prussiate de potasse ou de soude. Pour 31 grammes 25 centigrammes d'or converti en oxyde, j'emploie 5 hectogrammes de prussiate de potasse dissous dans 4 litres d'eau que je fais bouillir pendant une demi-heure ; après ce laps de temps, la mixtion est prête à servir.

« Il est nécessaire que les objets à dorer soient préalablement bien nettoyés et purgés de toutes leurs impuretés. On les plonge alors dans la mixture bouillante, et quelques secondes après ils sont couverts d'or. Si l'on désire obtenir une couche d'or plus épaisse, on doit se servir de la solution à froid, c'est-à-dire qu'après avoir été bouillie, on la laisse refroidir, et alors les objets seront revêtus d'une plus grande quantité d'or au moyen du courant galvanique.

« Les moyens de produire et d'appliquer les courants galvaniques sont de plusieurs sortes ; le plus simple est celui dont je fais usage.

« J'emploie deux cylindres concentriques fermés par le bas, celui de l'extérieur est verni, et celui de l'intérieur ne l'est pas ; il est composé d'une substance poreuse. Dans l'espace qui sépare les deux cylindres, on verse une solution de chlorure de sodium ou autre agent chimique excitant, dans lequel on plonge un morceau de zinc de forme cylindrique ou autre forme, et auquel est soudé un fil de laiton ou de cuivre qui correspond dans le vase intérieur contenant la solution d'or. Après que les objets à dorer ont été nettoyés et attachés ensemble, on les place dans la solution d'or pour en être recouverts, en les mettant en contact avec le fil de métal ; ils doivent être remués dans la solution tout le temps que dure l'opération. Sa durée dépend de l'épaisseur d'or qu'on veut donner aux objets à dorer ; cela dépend encore de la puissance du courant galvanique, de la quantité des objets agités, ou de la proportion d'or contenu dans la solution. Je préfère que la solution soit très-saturée d'or, et, à cet effet, j'y ajoute une portion d'oxyde d'or non dissous.

« Au lieu de la solution d'or ci-dessus indiquée, je me sers quelquefois d'une solution de protoxyde d'or dissous avec les muriates de soude ou de potasse ; mais les résultats ne sont pas aussi avantageux qu'avec la solution d'or obtenue avec du prussiate de potasse. En général, j'ai remarqué que les sels à double base, et plus particulièrement ceux connus sous le nom de sels haloïdes, sont aussi susceptibles de dissoudre l'or ; ils font également partie du droit privatif que je réclame, mais, je le répète, dans la pratique, j'ai trouvé qu'il était préférable d'employer la solution d'or obtenue du prussiate de potasse.

« Je réclame l'emploi des oxydes d'or ou de l'or métallique dissous dans le prussiate de potasse, ou de tous autres prussiates solubles pour couvrir les métaux, avec quelques-uns des sels sus-indiqués, combinés avec les oxydes d'or.

« Je réclame également l'application d'un courant galvanique pour dorer les métaux avec quelque solution convenable d'or, excepté le chlorure d'or, qui est peu propre à cet usage.

« Je fais observer que par solutions convenables, j'entends celles dans lesquelles les substances, alcalines, terreuses ou autres sels sont combinés avec l'or.

« Enfin, je réclame l'application du courant galvanique pour couvrir les métaux avec de l'or, soit que les objets qui subissent l'opération soient d'un seul métal ou composés, c'est-à-dire revêtus d'une couche d'un autre métal, soit enfin de toute matière revêtue également d'une couche de métal. »

Le jour même où Henri Elkington prenait le brevet que nous venons de citer, c'est-à-dire le 29 septembre 1840, Richard Elkington en prenait un pour l'argenture voltaïque.

Fig. 194. — Richard Elkington.

Voici le texte de ce dernier brevet.

« Mon procédé, dit Richard Elkington, consiste à appliquer l'argent sur certains métaux, à l'aide de solutions d'argent ou d'un courant galvanique, en opérant de la manière suivante :

« On fait dissoudre 155 grammes de chlorure d'argent dans un mélange de 1 kilogramme et demi de prussiate de potasse et de 9 litres d'eau ; on agite le liquide et on fait bouillir jusqu'à saturation complète.

« Les pièces à plaquer, décapées au préalable par les moyens connus, sont plongées dans la solution ; s'il ne faut qu'une mince couche d'argent, comme pour l'argenture ordinaire, on fait chauffer ou bouillir la solution. La couche se produisant de quelques secondes à une minute, il est inutile d'employer une batterie galvanique mais si la couche doit être plus épaisse, comme pour les objets plaqués, on emploie la solution froide, et on fait adhérer cette couche à l'aide d'un courant galvanique comme je vais l'expliquer...

« Le procédé que je viens d'indiquer s'applique plus particulièrement au plaquage du cuivre ou de ses alliages, tels que le laiton ou l'argent d'Allemagne ; mais on peut aussi plaquer par le même moyen le fer, après l'avoir décapé avec soin et y avoir appliqué la couche d'argent à l'aide de la batterie galvanique, ou bien plaquer le fer en le couvrant d'abord d'une lame de cuivre, et appliquant sur cette lame une couche d'argent par le moyen indiqué.

« Je réclame l'emploi d'une solution d'argent dans du prussiate de potasse ou autres prussiates solubles, pour argenter les métaux et l'application du courant galvanique avec une solution d'argent quelconque, soit comme simple solution dans un acide, ou combiné avec des sels, à l'exception de l'azotate d'argent qui est connu, mais peu en usage. »

À peine les travaux de MM. Elkington étaient-ils connus, que l'on vit apparaître de nouveaux inventeurs, essayant des procédés analogues, c'est-à-dire ayant pour but l'argenture et la dorure électro-chimiques.

M. Perrot, mécanicien de grand talent, inventeur de la machine à imprimer les indiennes, qui porte son nom, la *perrotine*, présenta au mois de janvier 1841, à l'Académie des sciences de Rouen, en-suite à l'Académie des sciences de Paris, des objets en cuivre, en argent, en fer et en acier, parfaitement dorés, ainsi que des barres de fer recouvertes d'une couche adhérente de platine, de cuivre et de zinc.

M. Louyet, professeur de chimie à Bruxelles, dora par la pile, des objets de cuivre, dans son cours public de chimie.

M. de Ruolz prit un brevet pour la *dorure de l'argent par immer-sion* (8 décembre 1840), et huit mois plus tard (18 juin 1841) un brevet pour la *dorure au moyen du cyanure d'or dissous dans du cyanure de potassium.*

M. Roseleur dora le cuivre et d'autres métaux, au moyen des py-rophosphates et des sulfites alcalins. D'autres proposèrent des hy-posulfites, des sels ammoniacaux, etc.

M. de Ruolz se distingua entre tous les chimistes dont nous ve-nons de donner les noms, parce qu'il ne se borna pas à la question de la dorure et de l'argenture, mais que, généralisant cette mé-thode, il parvint à obtenir le dépôt, en couches minces, de presque tous les métaux les uns sur les autres, donnant ainsi une exten-sion remarquable et un caractère de généralité, à une méthode qui n'avait été appliquée jusque-là qu'au cas particulier de l'argent et de l'or. M. de Ruolz parvint à appliquer sur le cuivre, le fer, le zinc, etc., non-seulement l'or et l'argent, mais aussi le platine. Étendant ses procédés à tous les métaux usuels, il réussit à recouvrir divers métaux d'une couche de cuivre, de zinc, d'étain, de plomb, de nickel, de cobalt. S'il n'arriva qu'après MM. Elkington, pour faire connaître au monde savant, et faire breveter la méthode de dorure et d'argenture du cuivre par la pile, au moyen des cyanures alcalins, s'il ne fit breveter ce procédé, comme nous venons de le dire, que huit mois après le brevet sur le même objet pris en France par MM. Henri et Richard Elkington, il surpassa les manufacturiers anglais par le caractère largement scientifique de ses travaux.

La science doit encore à M. de Ruolz la découverte de la produc-tion des alliages par voie électro-chimique, c'est-à-dire la forma-tion du laiton, par exemple, par la décomposition, opérée par la pile, d'un mélange de dissolutions de sulfates de zinc et de cuivre, résultat vraiment extraordinaire, et que la théorie aurait à peine fait pressentir.

Fig. 195. — Henri de Ruolz.

À tous ces titres, le nom de M. de Ruolz occupera une place honorable à côté des savants et des inventeurs qui ont créé la science électro-chimique, et nous devons donner quelques détails sur les circonstances qui provoquèrent ses travaux.

CHAPITRE VII

TRAVAUX ÉLECTRO-CHIMIQUES DE M. DE RUOLZ. — RAPPORT DE M. DUMAS À L'ACADÉMIE DES SCIENCES. — M. CHRISTOFLE FONDE, À PARIS, L'INDUSTRIE DE LA DORURE ET DE L'ARGENTURE VOLTAÏQUES.

Le 19 novembre 1835, on donnait, au théâtre Saint-Charles de Naples, la première représentation d'un grand opéra, intitulé *Lara*, C'était l'œuvre d'un jeune Français, qui, redoutant les lenteurs et les difficultés que rencontre à Paris, la représentation des ouvrages lyriques, était venu essayer son talent sur le théâtre de Naples. La pièce fut exécutée par les premiers artistes de l'Italie : par Duprez, dont la réputation avait déjà grandi sur différentes scènes de la péninsule ; par madame Persiani, qui ne s'appelait encore que la Tachinardi, ce qui n'enlevait rien à l'étendue de sa voix ; par Ronconi, qui, fort jeune encore, commençait néanmoins à être apprécié de ses compatriotes. L'opéra obtint le plus grand succès. Suivant l'usage italien, l'auteur fut rappelé à la chute du rideau, et Duprez vint présenter sur la scène le jeune compositeur.

Ce jeune compositeur s'appelait Henri de Ruolz.

Né à Paris en 1811[18] le comte Henri de Ruolz, après avoir pris ses grades dans quatre Facultés : lettres, sciences, droit et médecine, s'adonna à la fois à la musique et aux sciences. Elève, pour la musique, de Berton, Paër, Lesueur et Rossini, il débuta, en 1830, au théâtre de l'Opéra-Comique, par un opéra en un acte, *Attendre et courir*, composé en collaboration avec Halévy. En 1835, il donna au théâtre Saint-Charles de Naples, le grand opéra intitulé *Lara*, dont nous racontions tout à l'heure la première et brillante apparition. Cette soirée consacra la réputation de Duprez en Italie, et le fit bientôt passer du théâtre de Naples à celui de Paris.

Dès ce moment, la carrière lyrique, avec toutes ses séductions et ses périls, était ouverte à M. de Ruolz, car il avait réussi à obtenir un succès éclatant auprès du public le plus difficile de l'Europe. Cependant, avant de revenir en France et pour se remettre des émotions et des fatigues de son triomphe, M. de Ruolz partit pour la Sicile, et passa un mois à visiter Messine, Catane, Syracuse et Palerme. Au bout de ce temps, il revint à Naples.

En rentrant chez lui, il trouva sur son bureau une lettre venue de Paris et qui l'attendait depuis trois jours.

Cette lettre lui annonçait la perte totale de sa fortune. Par une de ces catastrophes trop communes aujourd'hui, M. de Ruolz, qui tenait de sa famille une fortune considérable, se trouvait désormais à peu près dénué de ressources.

Si rude que fût le coup, M. de Ruolz ne se sentit pas abattu. Il venait de paraître avec éclat dans une carrière qui pouvait lui rendre avec usure ce que le malheur lui enlevait ; il se hâta donc de revenir en France, pour y tirer parti de son talent de compositeur.

M. de Ruolz avait toutes les qualités nécessaires pour réussir à Paris, dans la carrière qu'il embrassait. Son succès de Naples avait eu en France un certain retentissement ; il était jeune et de race aristocratique. Toutes les portes du faubourg Saint-Germain s'ouvrirent à deux battants devant le compositeur, qui, selon le style en usage dans ces régions, pouvait faire ses preuves de 1399, et avait eu un aïeul maternel tué au combat des Trente. Il commença donc à suivre, dans les salons du noble faubourg, cette existence brillante où il espérait retrouver un jour sa splendeur éteinte et sa fortune évanouie. La représentation de *Lara* au théâtre de Naples, avait fondé sa réputation de compositeur, le directeur du Grand-Opéra de Paris lui demanda bientôt une œuvre lyrique ; et en 1839, notre Académie royale donna, avec un grand succès, la première représentation d'un opéra en trois actes, *la Vendetta*, de M. de Ruolz, qui, chanté par Duprez, Levasseur, Massol, mesdames Stolz et Dorus, obtint un brillant succès.

Cependant, M. de Ruolz comprit bientôt qu'il n'était pas assez riche pour avoir d'autres succès au théâtre. Si les travaux de compositeur lui promettaient la gloire, ils ne lui assuraient pas la fortune, et malheureusement il en était à ce point qu'avant tout il devait songer à vivre. Il se décida donc à changer de carrière.

M. de Ruolz, comme nous l'avons dit, avait eu une jeunesse studieuse. Dans les laboratoires, il avait étudié la physique et la chimie ; dans les écoles, il avait pris ses grades de médecin et d'avocat. Il espéra trouver dans ses connaissances scientifiques le moyen de relever l'édifice ruiné de sa fortune. Il y a de par le monde une opinion fort répandue, mais très-hasardée, c'est qu'un savant peut s'enrichir sans peine en se livrant à la chimie industrielle. C'est dans cette voie que M. de Ruolz résolut de s'engager. Un fabricant de ses amis, nommé Chappée, l'établit dans sa maison, et le chargea de perfectionner certains procédés de teinture.

Chappée avait un frère joaillier dans la rue Saint-Denis. Or, ce joaillier arriva un jour, chez M. de Ruolz, portant sous son bras un paquet d'ouvrages en filigrane d'argent.

On appelle *filigrane*, dans le commerce de la bijouterie, ces petits objets de décoration, d'argent ou de cuivre, fabriqués à l'estampage, et qui, selon la mode du jour, ornent les étagères et les cheminées des salons. Le joaillier demanda à M. de Ruolz s'il ne pourrait parvenir à dorer ce filigrane par un procédé nouveau, la dorure au mercure ne pouvant s'appliquer à ces sortes de pièces, à cause de leurs anfractuosités et du caprice de leur dessin : l'industriel ajoutait qu'il y aurait là de l'argent à gagner.

La question avait cependant beaucoup plus d'importance que ne le pensait le joaillier de la rue Saint-Denis. Si l'on parvenait à dorer le filigrane d'argent, on pouvait évidemment dorer l'argent sous toutes ses formes ; si l'on dorait l'argent, on pouvait espérer aussi dorer le cuivre et la plupart des autres métaux ; et si l'on réussissait à obtenir ainsi à volonté un dépôt d'or à la surface de tous les objets métalliques, sans recourir au procédé ordinaire de la dorure au mercure, on devait créer une branche d'industrie toute nouvelle, jusque-là sans exemple et sans analogue dans les arts. En même temps, on débarrassait les ateliers de cette dangereuse et funeste pratique de la dorure au mercure. Il y avait donc là tout à la fois une découverte scientifique, une occasion de fortune et une œuvre d'humanité.

Déjà un grand nombre de savants, tous ceux dont nous avons cité les noms dans le chapitre qui précède, s'adonnaient avec ardeur à la poursuite du problème de la dorure voltaïque : M. de Ruolz résolut d'entrer en lutte avec eux.

Pour un chimiste de fraîche date, l'occasion était, en effet, magnifique. Il ne s'agissait ici ni de grands principes à découvrir, ni de combinaisons nouvelles à produire, ni d'appareils coûteux à installer. Il suffisait, en se guidant sur des principes parfaitement connus, et en s'inspirant des découvertes déjà faites, de chercher, au milieu de la série des composés chimiques en usage dans les laboratoires, ceux qui obéiraient le mieux à l'action décomposante de la pile, ceux qui présenteraient les conditions les plus avantageuses pour l'opération industrielle de la précipitation des métaux. C'était une œuvre de patience et de sagacité plutôt qu'un travail de haute portée scientifique.

Seulement il fallait se hâter, car cette question fixait en ce moment toute l'attention des chimistes et des industriels : sous peine d'être devancé, il fallait se mettre tout de suite à l'œuvre. M. de Ruolz dit donc adieu à son atelier de teinture, et s'empressa de chercher dans Paris quelque réduit propre à servir à ses travaux de chimie.

Il trouva ce qu'il cherchait dans les combles d'une petite maison de la rue du Colombier. C'était une pauvre mansarde ouverte à tous les vents ; mais cette mansarde avait autrefois servi de cuisine, il y avait encore une cheminée et une table, et cela pouvait, à la rigueur, passer pour un laboratoire, car les grandes découvertes de notre temps ne se sont pas toutes accomplies dans les fastueux laboratoires de nos savants en renom.

Pour répondre aux besoins de l'industrie qui avait éveillé ses premières idées, M. de Ruolz trouva le moyen d'utiliser le bain au trempé d'Elkington pour la dorure de l'argent. Il eut la pensée ingénieuse d'employer les procédés galvaniques que Jacobi avait indiqués, pour recouvrir les bijoux d'argent d'une très-légère couche de cuivre. Il mettait ainsi l'argent dans les conditions convenables pour recevoir le dépôt d'or au trempé, dépôt qui ne s'effectue dans la liqueur employée par Elkington, que par la dissolution d'une couche de cuivre excessivement mince. Tel fut le sujet du premier brevet que M. de Ruolz prit le 19 décembre 1840 ; mais, on le voit, ce n'était qu'un perfectionnement de la dorure au trempé, et par conséquent, une très-petite partie du problème général de la dorure voltaïque, problème qu'il avait à résoudre et qui devait s'imposer naturellement à un esprit chercheur et tenace comme le sien.

Notre expérimentateur se mit ensuite à passer en revue toutes les substances de la chimie, afin de reconnaître celles qui se prêteraient le mieux aux opérations de la dorure et de l'argenture par la pile.

Six mois s'écoulèrent dans ces recherches, et le 17 juin 1841, M. de Ruolz prenait une addition à son brevet de 1840, et indiquait l'emploi des cyanures alcalins pour la dorure et l'argenture. Mais là ne devaient pas s'arrêter ses recherches. M. de Ruolz trouva encore les dissolutions convenables pour obtenir, à volonté, la précipitation voltaïque de presque tous les métaux les uns sur les autres. Il alla plus loin qu'Elkington, car non-seulement il put précipiter avec économie, l'or sur le cuivre, l'argent sur le platine, etc., mais il parvint aussi à réaliser, sur un métal donné, la précipitation de la série de tous les autres métaux. Ce dernier résultat dépassait de beaucoup les prévisions que la science permettait de concevoir à cette époque.

Malheureusement, comme nous l'avons raconté dans le chapitre précédent, M. de Ruolz arrivait trop tard ; car Elkington, en Angleterre, avait découvert avant lui, la manière d'argenter et de dorer par la pile avec les mêmes liqueurs. M. de Ruolz ignorait cette circonstance.

Louis Figuier

Ayant ainsi atteint le but qu'il s'était proposé, M. de Ruolz n'avait plus que deux choses à faire : présenter au public et à l'Académie le résultat de ses travaux ; chercher des capitaux pour exploiter son invention. Le 9 août 1841, il lut à l'Académie des sciences, un mémoire dans lequel il exposait les détails de sa découverte.

Le 29 novembre suivant, M. Dumas lut, à l'Académie des sciences, un rapport étendu, dans lequel il exposait les découvertes de M. de Ruolz. Le rapport de M. Dumas, qui fixait avec une précision remarquable l'état de la question de la dorure voltaïque, au double point de vue scientifique et industriel, fut un événement dans la science, et donna aux travaux de M. de Ruolz un retentissement considérable.

Dans le rapport fait à l'Institut, par M. Dumas, le nom d'Elkington était fort peu prononcé, car c'est à peine si la commission avait eu connaissance des travaux du manufacturier de Birmingham, On ne parlait d'Elkington que pour constater l'existence d'un brevet pour la dorure voltaïque pris par lui antérieurement à celui de M. de Ruolz.

« Le mémoire de M. de Ruolz et les produits qui l'accompagnent, avaient vivement excité, disait le rapporteur, l'intérêt de la commission, lorsque l'agent de M. Elkington à Paris, s'empressa de soumettre à l'Académie un brevet pris par M. Elkington, et antérieur de quelques jours à celui de M. de Ruolz. La commission reconnut, en effet, avec surprise, que ce brevet existait, qu'il renfermait la description d'un procédé pour l'application de l'or, ayant de l'analogie avec celui de M. de Ruolz. »

Il n'était nullement question d'Elkinglon dans les conclusions de ce rapport, qui se contentait de demander l'insertion du mémoire de M. de Ruolz, dans le *Recueil des savants étrangers à l'Académie*, sans dire autre chose de l'inventeur anglais.

Le rapport de M. Dumas amena une protestation de MM. Elkington. Six semaines après la lecture de ce rapport à l'Académie, le 11 décembre 1841, M. Truffaut, représentant à Paris, de MM. Elkington, adressait à l'Académie des sciences une lettre, dans laquelle il rectifiait certaines dates inexactement attribuées aux brevets respectifs de MM. de Ruolz et Elkington, et se plaignait de n'avoir pas été appelé au sein de la commission, pour défendre les droits de l'inventeur anglais.

Cette réclamation porta ses fruits. Le rapport de M. Dumas avait eu surtout pour objet d'éclairer l'Académie, au moment de décerner l'un des prix Montyon, le prix destiné à récompenser, annuellement, les perfectionnements apportés à la *pratique des arts insalubres*. La commission chargée de décerner ce prix, proposait le 6 juin 1842, et l'Académie adoptait, le 19 décembre de la même année, la distribution du prix Montyon relatif aux *arts insalubres*, d'après l'énoncé suivant :

« L'Académie accorde un prix de 3 000 francs à M. de la Rive, professeur de physique à Genève, pour avoir, le premier, appliqué les forces électriques à la dorure des métaux, et en particulier du bronze, du laiton et du cuivre ;

« Un prix de 6 000 francs, à M. Elkington, pour la découverte de son procédé de dorure par voie humide, et pour la découverte de ses procédés relatifs à la dorure galvanique et à l'application de l'argent sur les métaux ;

« Un prix de 6 000 francs, à M. de Ruolz, pour la découverte et l'application industrielle d'un grand nombre de moyens propres, soit à dorer les métaux, soit à les argenter, soit à les platiner, soit enfin à déterminer la précipitation économique des métaux les uns sur les autres, par l'action de la pile. »

Cette décision impartiale rendait justice a chacun, et vingt-deux ans plus tard, c'est-à-dire en 1864, M. Dumas, devenu sénateur, s'exprimait ainsi dans le rapport qu'il faisait au Sénat, sur le grand prix de 30 000 francs, destiné à récompenser les meilleures applications de la pile de Volta.

« Au sujet de la galvanoplaslie, de la dorure et de l'argenture, nous sommes forcés de constater que c'est de l'étranger que sont venues les idées, et que c'est la France qui, les mettant en œuvre, en a fait des industries profitables et vivaces. »

Nous avons traité avec une certaine étendue la question scientifique de la dorure et de l'argenture voltaïques ; nous serons plus bref quant à l'histoire de son exploitation industrielle.

Le droit d'exploiter industriellement les découvertes de M. de Ruolz avait été acquis par M. Charles Christofle, qui dirigeait une des fabriques de bijouterie les plus importantes de la capitale. Comprenant toute l'importance, tout l'avenir de la dorure et de l'argenture par la pile, qui devait un jour supprimer la dorure au mercure, si funeste à la santé des ouvriers, M. Christofle avait acheté à MM. de Ruolz et Chappée, le privilège exclusif de dorer, d'argenter, de platiner, etc., les métaux par la pile. En outre, M. Christofle avait attaché, en qualité de chimiste, M. de Ruolz à sa nouvelle usine.

Fig. 196. — Charles Christofle.

Mais la fabrique avait à peine essayé de lancer ses premiers produits, lorsque M. Christofle reçut la visite du représentant d'Elkington, qui venait lui faire connaître l'antériorité des droits du manufacturier anglais, basée sur la date de son brevet pour la dorure et l'argenture voltaïques, dans des bains composés de cyanure de potassium et d'oxyde d'or ou d'argent.

Après avoir pris connaissance de toutes les pièces relatives à cette question, M. Christofle reconnut loyalement toute la validité de la réclamation qui lui était faite. Il n'hésita pas, dès lors, à revenir sur le passé, et proposa à MM. Elkington une association en participation aux bénéfices de son entreprise.

Par un acte en date du 13 mai 1842, une part dans les bénéfices de l'usine, fut accordée à MM. Elkington par M. Charles Christofle. MM. Christofle et Elkington s'accordaient réciproquement l'usage de leurs brevets.

L'intérêt de cette dernière clause résidait, pour le manufacturier anglais, dans les brevets de M. de Ruolz relatifs au cuivrage, au plombage, à rétamage, au platinage, au nickelage, au zincage des métaux, etc. ; car Elkington n'avait fait breveter que l'application électro-chimique de l'or et de l'argent.

L'association de M. Christofle avec le manufacturier de Birmingham, ne dura qu'environ trois ans. À cette époque, voulant réunir tous les intérêts dans sa main, M. Christofle fit appel à ses amis, et, grâce aux capitaux considérables qu'il put rassembler, il constitua une société pour exploiter, sur une large échelle, l'orfèvrerie argentée et dorée par la pile.

M. de Ruolz reçut, pour prix de la cession de ses droits, la somme de 150 000 francs ; M. Elkington fit l'abandon des siens moyennant une somme de 500 000 francs.

Alors M. Christofle réorganisa complètement son usine électro-chimique. Il donna à la fabrication de l'orfèvrerie argentée et dorée par la pile, une impulsion considérable. Il adjoignit à ses ateliers la fabrication des pièces d'orfèvrerie destinées à recevoir l'argenture et la dorure. Il créa des ateliers pour la fabrication mécanique des couverts ; il établit d'autres ateliers de ciselure, de brunissage ; installa sur une grande échelle la galvanoplastie, et éleva ainsi une usine de premier ordre, pour la fabrication des produits de la dorure et de l'argenture voltaïques.

Mais cette industrie nouvelle étant fondée sur des procédés scientifiques parfaitement connus, se trouva bientôt aux prises avec une concurrence formidable. Un grand nombre de fabricants se livraient ouvertement à la dorure et à l'argenture par la pile. M. Christofle déploya une énergie sans égale pour réprimer et poursuivre cette concurrence devant les tribunaux. Il multipliait les saisies et les procès. Depuis 1842 jusqu'en 1850, il n'opéra pas moins de 275 saisies d'objets chez des fabricants contrefacteurs de ses produits.

En même temps, M. Christofle s'efforçait à constituer la nouvelle industrie électrochimique sur les bases d'une grande loyauté commerciale ; car la fraude sur les quantités d'or et d'argent déposées, était ce qui pouvait la discréditer le plus. Il appliqua sur tous ses produits, avec sa marque de fabrique, un poinçon portant en chiffres le nombre de grammes d'argent déposés par objet d'orfèvrerie ou par douzaine de couverts de table.

Le brevet que M. Christofle avait acheté à MM. Elkington expira en 1855, A partir de ce moment, tous les procédés de dorure et d'argenture par la pile, tombèrent dans le domaine public, et chacun put se livrer à l'exploitation de ces procédés.

La nouvelle orfèvrerie voltaïque est maintenant répandue partout. Elle a fait complètement disparaître la dorure au mercure, au grand bénéfice de la santé des ouvriers, et elle a rendu en même temps, un service immense à la salubrité générale, en mettant à la portée de toutes les fortunes une vaisselle argentée qui remplace complètement, au point de vue de la salubrité, la vaisselle d'argent massif.

L'importance de l'industrie due à M. Christofle est telle que depuis 1842 dans son usine de la rue de Bondy, il a été déposé 77 000 kilogrammes d'argent, qui ont donné naissance à un mouvement d'affaires de plus de 107 millions de francs.

Charles Christofle obtint une grande médaille d'honneur à l'exposition universelle de 1855, et il reçut la même récompense à l'exposition de Londres, en 1862. Ce manufacturier célèbre est mort le 13 décembre 1863. Son usine, dirigée par son fils, M. Paul Christofle, et son neveu, M. Henri Bouilhet, tient toujours la première place parmi les fabriques du même genre qui existent aujourd'hui, en assez grand nombre, dans la capitale.

Richard Elkington est mort à Londres il y a quelques années. M. Wright, chimiste attaché à son établissement de Birmingham, pouvait revendiquer une partie des recherches, qui avaient amené la découverte de la *dorure an trempé*, comme aussi de la dorure et de l'argenture voltaïques. Cependant, M. Richard Elkington était, comme les grands industriels anglais, très-versé dans les sciences. Ses vastes ateliers de Birmingham étaient consacrés surtout à la fabrication du maillechort (alliage de cuivre, de nickel, de zinc et d'étain) pour la fabrication des couverts. La quantité de couverts en maillechort argenté qui sort aujourd'hui de la fabrique d'Elkington, est prodigieuse. Ces produits sont surtout destinés aux colonies anglaises de l'Asie.

Quant à M. de Ruolz, après sa séparation de M. Ch. Christofle, il continua à s'occuper de sciences technologiques. On lui doit l'invention du *tiers-argent*, ou argenterie massive. Cet alliage qui contient 333 millièmes d'argent et 667 millièmes de cuivre et de nickel, permet d'éviter la réargenture. Il est toléré par l'État.

M, de Ruolz s'est encore occupé avec succès de la fabrication des aciers, de concert avec un ingénieur des mines, M. de Fontenay.

Du reste, avant d'aborder la question de la dorure voltaïque, M. de Ruolz s'était déjà fait connaître dans le monde savant. Il avait publié, en 1831, en collaboration avec MM. de Franqueville et de Montricher, une traduction annotée du *Traité des chemins de fer* de Nicolas Wood. À la même époque, il publia, avec les ingénieurs Mellet et Henry, le premier projet de chemin de fer de Paris à Rouen, par Pontoise.

M. de Ruolz fut nommé inspecteur des chemins de fer (contrôle de l'Etat), en 1846, c'est-à-dire à l'époque de la création de cet ordre de fonctionnaires, qui sont chargés par le gouvernement d'exercer une surveillance sur l'exploitation des chemins de fer par les compagnies. M. de Ruolz occupa successivement les grades d'inspecteur particulier, puis d'inspecteur principal, et il fut nommé, en 1854, inspecteur général et membre du *Comité consultatif des chemins de fer*, fonctions qu'il exerce encore aujourd'hui.

Nous avons suffisamment parlé des inventeurs de la dorure et de l'argenture voltaïques ; arrivons maintenant à la description des procédés pratiques de cet art, c'est-à-dire à la manière d'obtenir les dépôts, en couches minces, des métaux les uns sur les autres.

CHAPITRE VIII

DESCRIPTION DES PROCÉDÉS DE LA DORURE VOLTAÏQUE. — PRÉPARATION PRÉALABLE DES PIÈCES DESTINÉES À RECEVOIR LA DORURE. — DÉCAPAGE CHIMIQUE POUR LE BRONZE ET LE LAITON. — DÉCAPAGE MÉCANIQUE, POUR L'ARGENT, LE CUIVRE ET LES ALLIAGES D'ÉTAIN, — COMPOSITION DES BAINS DE DORURE. —

GRATTE-BROSSAGE. — MISE EN COULEURS ET SÉCHAGE DES BIJOUX DORÉS.

Avant de soumettre une pièce métallique de cuivre, d'argent, de bronze ou de maillechort, à la dorure, il est une opération préalable à lui faire subir. Il faut donner à sa surface un parfait brillant métallique, un irréprochable poli. On comprend, d'ailleurs, la nécessité de cette préparation. La dorure ne devant recouvrir les pièces que d'une mince couche, il faut qu'elles aient reçu d'avance, l'aspect qu'elles doivent présenter, après la dorure. Si leur surface était inégale et rugueuse avant la dorure, elle resterait inégale et rugueuse après l'opération. M. Becquerel a dit fort bien : « *Telle est la surface, telle est la dorure.* » Il faut ajouter que sur une surface métallique qui ne serait pas absolument exempte d'oxyde, ou complètement débarrassée de corps gras, de toute matière étrangère, le dépôt d'or se ferait mal ou sans adhérence. De là la nécessité des opérations préalables qu'il faut faire subir aux pièces avant le bain de dorure, et qui ne laissent pas, comme on va le voir, d'être assez compliquées.

La première de ces opérations consiste dans le *décapage*, travail qui a pour but de débarrasser la surface du métal de toute particule d'oxyde métallique et de toute substance de nature organique.

Il y a deux sortes de décapages, selon la nature du métal sur lequel on opère : le *décapage chimique* et le *décapage mécanique*.

Le *décapage chimique*, qui s'exécute au moyen des acides, ne s'applique qu'au bronze, au cuivre et au laiton. Le *décapage mécanique*, qui se résume en de vigoureux frottements opérés par des instruments ad hoc, s'applique à l'argent, au fer, au maillechort et aux autres alliages de cuivre, de nickel, de zinc ou d'étain.

Décapage chimique. — Les pièces de bronze ou de laiton sont chauffées sur un feu doux de charbon de bois, et mieux de mottes à brûler, qu'il est plus facile de diriger. La chaleur détruit les substances organiques, et surtout les corps gras, dont la pièce est toujours imprégnée et qui lui viennent des opérations antérieures de l'atelier, telles que le passage à la filière ou au laminoir, les soudures ou le simple contact des mains.

Exposée à l'action du feu, la pièce métallique noircit, par la formation d'un oxyde. Pour enlever, pour dissoudre chimiquement l'oxyde ainsi formé, on laisse séjourner la pièce dans une eau acide, composée d'un litre d'acide sulfurique à 66 degrés et de 10 litres d'eau, que l'on emploie à chaud, pour les objets de petite dimension, à froid pour les grandes pièces. On peut laisser ces objets plusieurs heures dans la liqueur acide, car l'acide sulfurique n'attaque pas le cuivre à froid.

Cette première opération du décapage chimique, s'appelle le *dérochage*.

Il est des objets délicats tels, que le *filigrane* et le *paillon* de laiton, et d'autres pour lesquels le recuit et la sonorité sont indispensables, comme les couverts de table, qui ne pourraient être sans inconvénient soumis à l'action du feu. Pour ces diverses pièces, le *dérochage* est remplacé par un simple *dégraissage*, c'est-à-dire par l'ébullition dans une liqueur alcaline, qui les débarrasse suffisamment de toute substance grasse et de toute matière organique. On fait bouillir ces pièces dans une dissolution concentrée de carbonate de soude, et mieux, suivant M. Roseleur, de soude caustique[19].

Après l'opération du *dérochage* ou du *dégraissage*, la pièce métallique est lavée à grande eau dans une terrine, et l'on procède au véritable *décapage chimique*, qui consiste dans l'immersion rapide des pièces, dans une série de bains d'acides plus ou moins concentrés.

Quand il faut les plonger dans les bains acides, on suspend les pièces à des crochets de platine, de verre, ou plus simplement de cuivre, emmanchés de bois, et présentant une des formes indiquées par les deux figures 197 et 198.

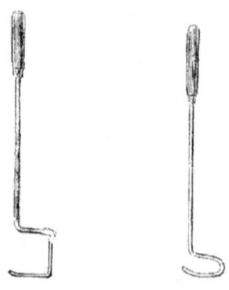

Fig. 197 et Fig. 198.

Pour la menue bijouterie, on se sert de fils de cuivre ayant la forme représentée par les figures 199 et 200.

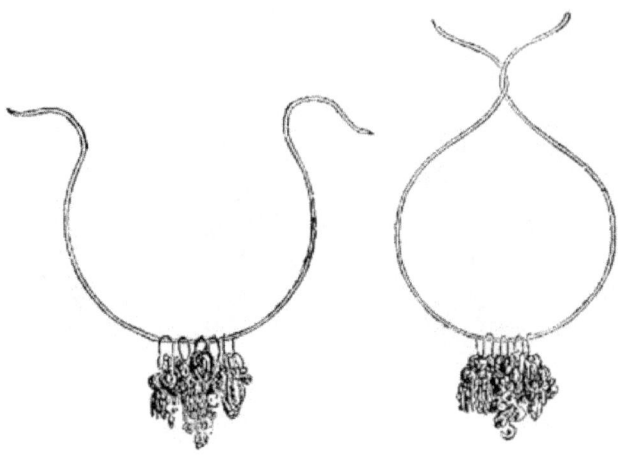

Fig. 199 et Fig. 200

On peut aussi, comme le conseille M, Roseleur, faire des crochets en verre, au moyen d'une baguette de verre, que l'on recourbe, en la ramollissant à la flamme du gaz, pour lui donner la forme que représente la figure 201.

Fig. 201 et Fig. 202.

CHAPITRE VIII

Pour les objets qui ne peuvent être suspendus à ces crochets, il faut avoir des assoires en porcelaine ou en verre, comme le représentent les figures 202, 203 et 204, ou un panier en toile métallique, comme le représente la figure 205.

 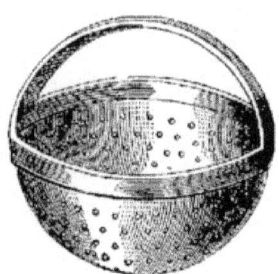

Fig. 203 et Fig. 204

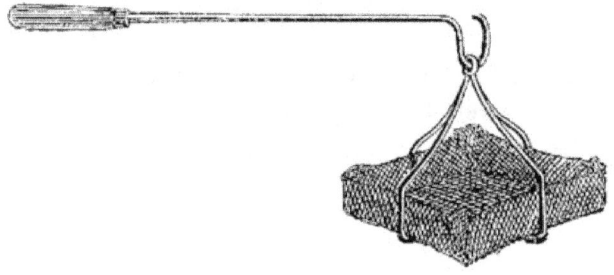

Fig. 205.

Le premier bain acide dans lequel on plonge les pièces, est très-dilué : c'est un simple prélude au bain d'acide concentré qui doit suivre. Il est composé d'*eau-forte vieille*, c'est-à-dire d'eau-forte (acide azotique) qui sert depuis très-longtemps dans l'atelier. Il suffit, pour remonter ce bain, à mesure qu'il s'épuise, d'y ajouter un vingtième de son volume d'acide azotique concentré : de cette manière il est toujours en état de servir.

Le but de ce premier bain dans un acide très-affaibli, c'est d'économiser l'acide concentré qui va suivre, et surtout de permettre aux portions de cuivre déjà dénudées, de ne pas être trop vivement attaquées par le bain d'acide concentré.

Après ce premier décapage dans un acide faible, on lave les pièces à grande eau, et on les plonge dans le bain d'acide concentré, dont voici la composition, en poids :

Acide azotique	10	parties.
Acide sulfurique à 66 degrés	10	—
Acide chlorhydrique	1	—

L'acide chlorhydrique est quelquefois remplacé, dans ce mélange, par une partie de sel marin et une partie de suie calcinée.

Composée d'acides concentrés formant une véritable eau régale, cette liqueur attaque les métaux à froid, avec une énergie prodigieuse. Aussi l'immersion doit-elle être extrêmement rapide, ou pour mieux dire instantanée. Il faut plonger et retirer immédiatement les pièces ; et tout aussitôt, les laver à grande eau dans des terrines disposées tout auprès.

« Les doreurs bien installés, dit M. Roseleur, ont une série de terrines à rincer disposées en cascade et se déversant l'une dans l'autre. Ils commencent toujours le rinçage dans la plus basse en continuant jusqu'à la plus haute qui, placée immédiatement sous le robinet, contient toujours ainsi une eau exempte d'acide. Chaque terrine se déverse dans sa voisine par une bavette en plomb ou en caoutchouc. »

La figure 206 montre la disposition de ces terrines.

Fig. 206. — Terrines pour le lavage des pièces métalliques

décapées par les acides.

Si les objets doivent présenter un beau brillant, on les plonge, en les agitant une ou deux secondes, dans un troisième bain acide, ainsi composé :

Acide azotique à 36°	100	parties en volume.
Acide sulfurique à 66°	100	—
Sel marin	1	—

Au sortir de ce décapage, les cuivres présentent une teinte plus claire et un plus beau brillant qu'après le premier passage de l'eau forte.

Par l'action de ces divers acides, il se répand dans l'air des ateliers, des vapeurs acides, qu'il serait dangereux de respirer. Aussi est-il prudent d'opérer en plein air, et mieux sous le manteau d'une cheminée, munie, pour plus de précautions, d'un châssis à coulisse, que l'on peut abaisser à volonté.

Le *décapage chimique* se compose donc, en définitive, des opérations suivantes :

1° Exposer au feu les pièces, ou les faire bouillir dans une liqueur alcaline ;

2° *Dérocher*, c'est-à-dire laisser séjourner les pièces dans l'acide sulfurique étendu de 10 fois son poids d'eau ;

3° Passer à l'*eau-forte vieille* et laver à grande eau ;

4° Passer à l'*eau-forte vive* et laver à grande eau ;

5° Passer aux acides composés, c'est-à-dire au *bain à brillanter*, et laver à grande eau ;

6° Porter immédiatement au bain de dorure.

Nous disons porter immédiatement au bain de dorure ; aucun intervalle, en effet, ne doit être laissé entre le lavage à grande eau des pièces décapées, et leur mise au bain d'or, de crainte que l'oxydation ne s'empare des surfaces métalliques fraîchement mises à nu. La série d'opérations que nous venons de décrire s'exécute dans les ateliers, en moins de temps qu'il ne faut pour lire le résumé qui précède.

Nous réunissons dans la figure 207 les différents ustensiles qui se rapportent au *décapage chimique*.

Fig. 207. — Décapage chimique des objets de cuivre destinés à être dorés par la pile.

A est le fourneau pour chauffer les objets de cuivre, B la terrine contenant l'acide sulfurique étendu d'eau, qui sert au *dérochage* ; C la terrine contenant l'*eau-forte vieille* ; D la terrine contenant l'*eau-forte vive* ; E la terrine contenant les *acides composés pour brillanter* ; F, F, F, trois terrines pleines d'eau pour laver, L, L, deux grandes terrines dans lesquelles l'eau se renouvelle constamment. K est un ouvrier qui s'apprête à décaper un paquet de bijouterie.

Décapage mécanique. — Quand il s'agit de dorer l'argent, le fer, le zinc et le maillechort, on remplace le décapage au moyen des acides concentrés, par un frottement énergique, opéré sous un filet d'eau, à l'aide d'une brosse en peau de sanglier, et de pierre ponce réduite en poudre. Cette brosse est montée sur un tour qui fait six cents révolutions par minute. Les pièces qui sont trop grosses ou trop délicates pour être brossées au tour, sont brossées à la main, avec des brosses appropriées à leur forme.

Mais avant d'être soumises à ce *décapage mécanique*, les pièces de maillechort, de fer ou de zinc, sont *dégraissées* dans une dissolution de carbonate de soude ou de soude caustique. Quant aux pièces d'argent que l'on dore pour obtenir le *vermeil voltaïque*, le ponçage est précédé d'un léger décapage chimique, qui consiste à les chauffer au rouge, et à les plonger toutes chaudes dans de l'acide sulfurique faible, marquant 8 degrés. C'est un procédé qui nous vient des orfèvres, et qui donne à l'argent un beau mat et une grande blancheur.

Ainsi décapées, soit par le procédé chimique, soit par le procédé mécanique, et prêtes à être dorées, les pièces métalliques sont portées au bain de dorure par la pile. Cette dorure s'effectue à froid ou à chaud.

La dorure à chaud donne un dépôt plus prompt et d'un ton plus riche. Elle a totalement remplacé la dorure à froid, qui fut longtemps la seule employée, et que l'on ne réserve aujourd'hui que pour les pièces de grandes dimensions, parce qu'il serait difficile de chauffer convenablement de très-grands bains.

La température la plus convenable pour la dorure galvanique à chaud, est 70 degrés. Il n'est pas, d'ailleurs, nécessaire de maintenir le bain sur un fourneau ; quand on a porté la liqueur à la température de 70 degrés, il est facile de maintenir cette température, en ajoutant à la liqueur chaude de nouvelles portions, tenues en réserve à cet effet.

La composition du bain pour la dorure voltaïque, est la même, que l'on opère à froid ou à chaud. C'est une dissolution de cyanure d'or dans un excès de cyanure de potassium, que l'on prépare de la manière suivante :

On fait dissoudre 50 grammes d'or dans l'eau régale, en plaçant l'or et les acides dans un matras de verre ; et l'on facilite la dissolution en chauffant le matras sur une lampe à esprit de vin, comme le représente la figure 208.

Quand la dissolution de l'or est opérée, on verse la liqueur acide, contenant le chlorure d'or, dans une capsule de porcelaine, et on l'évapore jusqu'à consistance de sirop, pour chasser la plus grande partie des acides libres. On ajoute alors deux ou trois litres d'eau, pour dissoudre le chlorure d'or, puis une dissolution d'un kilogramme de cyanure de potassium dans l'eau, que l'on étend de manière à obtenir 50 litres de bain. Il est bon de n'employer cette liqueur qu'après l'avoir fait bouillir pendant plusieurs heures.

Fig. 208. — Dissolution de l'or dans l'eau régale.

On place dans une cuve de bois doublée de gutta-percha, le bain dont nous venons de donner la composition, et l'on y plonge les pièces à dorer, en les attachant au pôle négatif d'une pile de Bunsen, composée d'un nombre de couples approprié à l'importance du bain.

Dans les ateliers bien organisés, les piles de Bunsen qui dégagent des vapeurs d'acide hypo-azotique, désagréables ou nuisibles à la santé, sont placées sous la hotte d'une cheminée pourvue d'un châssis à coulisse.

Les appareils voltaïques qui servent à produire des dépôts métalliques en couches minces, sont toujours des *appareils composés*, ce qui veut dire, en termes plus nets, que la pile est hors du bain, au lieu d'être dans le bain même, comme dans la plupart des appareils qui servent à la galvanoplastie. De là la nécessité de remplacer l'or qui se dépose, au fur et à mesure des progrès de l'opération, sur l'objet plongeant dans le bain. C'est ici que la découverte de M. Jacobi, c'est-à-dire l'*anode métallique soluble*, a trouvé une heureuse application. Une lame d'or pur est attachée au fil qui représente le pôle positif de la pile : à ce pôle, on le sait, se porte le cyanogène, provenant du cyanure d'or décomposé. Ce cyanogène attaque l'or, et il se forme ainsi du cyanure d'or, lequel, à mesure qu'il prend naissance, se dissout dans l'excès de cyanure de potassium du bain.

Ainsi l'or, qui est enlevé à chaque instant à la liqueur, en se déposant au pôle négatif, sur les objets à dorer, est, à chaque instant, remplacé par une même quantité de ce métal, fournie par la lame d'or attachée au fil positif, c'est-à-dire par l'*anode métallique soluble*. L'expérience et le tâtonnement ont bien vite appris la proportion exacte qu'il importe de donner, pour la régularité de l'opération, à la dimension de l'anode soluble.

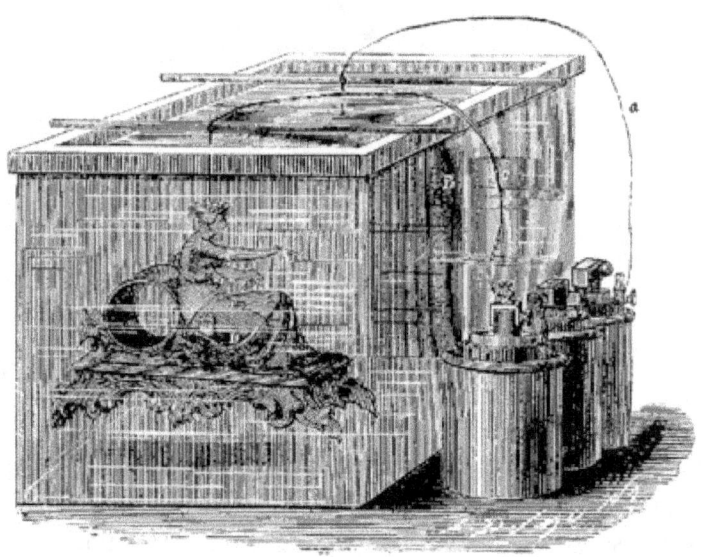

Fig. 209. — Appareil pour la dorure électro-chimique.

La figure 209 représente l'appareil employé pour la dorure voltaïque, *c* est le fil partant du pôle négatif de la pile de Bunsen ; on attache à ce fil de platine l'objet à dorer D. *a* est le fil positif auquel est attaché l'anode d'or soluble B.

Il est toutefois une opération préalable à exécuter, avant de placer les objets dans le bain de dorure : c'est de les recouvrir d'une légère couche de mercure. À cet effet, on les plonge, pendant quelques instants, dans une liqueur ainsi composée :

Eau	10	kilogrammes.
Azotate de bioxyde de mercure	10	grammes.
Acide sulfurique	20	grammes.

Le dépôt du mercure qui s'opère à la surface des objets de cuivre passés dans cette liqueur, a pour but de faciliter et d'augmenter l'adhérence entre le cuivre et l'or qui sera déposé par la pile. En effet, pour que l'or et le cuivre adhèrent avec beaucoup de force l'un à l'autre, il faut que les deux surfaces aient été fondues ou qu'elles aient été amalgamées. Il est aujourd'hui reconnu que sans cette amalgamation préalable, imitée de l'ancien procédé de la dorure au mercure, l'adhérence entre le cuivre et l'or n'existerait pas. Cette pratique, adoptée dans les ateliers de MM. Christofle depuis 1842, s'est généralisée dans tous les ateliers de dorure électro-chimique. Elle a, en outre, l'avantage de signaler les décapages défectueux.

« On peut poser en principe, dit M. Roseleur, que l'azotate de mercure est la pierre de touche du décapage. Un décapage parfait sortira toujours parfaitement blanc et brillant d'une solution mercurielle un peu forte, tandis qu'un décapage qui laisse à désirer en sortira moiré ou teinté de différentes nuances, le plus souvent sans éclat métallique[20]. »

Le temps de l'immersion dans le bain de cyanure d'or, varie suivant l'épaisseur qu'on veut donner à la dorure. Le poids du métal déposé est proportionnel au temps de l'immersion, d'après les expériences que fit M. Dumas en 1841, à l'occasion de son rapport à l'Académie des sciences.

Pour connaître la quantité d'or déposée, on pèse la pièce, décapée et séchée, avant son immersion dans le bain ; et on la pèse de nouveau quand elle est dorée et desséchée. L'augmentation de poids fait connaître la quantité d'or déposée.

Tous les métaux se dorent également bien dans le bain, dont nous venons de faire connaître les dispositions. Seulement, d'après M. Bouilhet, l'acier exige un bain concentré, ou mieux un cuivrage préalable dans un bain alcalin. L'aluminium ne peut non plus être doré dans ce même bain, sans qu'on l'ait recouvert préalablement d'une couche de cuivre[21].

On sait qu'il existe dans le commerce, de la dorure à différentes teintes, principalement de l'*or vert*, qui n'est qu'un alliage d'or et d'argent, et de l'*or rouge*, qui n'est qu'un alliage d'or et de cuivre. Dans les bains galvaniques servant à la dorure ordinaire, on peut obtenir à volonté cet *or vert* ou cet *or rouge*.

Pour obtenir l'*or vert*, il faut ajouter au bain ordinaire de cyanure d'or une dissolution de cyanure double de potassium et d'argent, jusqu'à ce que le dépôt provoqué par la pile ait la couleur désirée : l'anode métallique soluble attaché au pôle positif, est, dans ce cas, un alliage d'or et d'argent, c'est-à-dire de l'*or vert*.

Pour l'*or rouge*, on ajoute au bain ordinaire une dissolution de cyanure double de potassium et de cuivre.

Non-seulement, grâce à cet admirable procédé, on peut obtenir, à volonté, des dorures affectant la couleur désirée, mais on peut également produire sur une même pièce d'orfévrerie, différents effets artistiques. En appliquant au pinceau, un vernis sur les parties d'une pièce d'orfèvrerie que l'on veut préserver du dépôt d'or, on produit des *réserves* ou des *épargnes*, sur lesquelles on peut ensuite faire déposer un nouveau métal, ou laisser apparaître le métal sous-jacent.

Le vernis dont on fait usage pour ces réserves, est le vernis de copal, additionné d'huile et de chromate de plomb. Quand il a été appliqué au pinceau et bien séché, ce vernis n'est nullement attaqué par les bains d'or acides ou alcalins, et l'on en débarrasse facilement la pièce, après la dorure, avec de l'essence de térébenthine ou de l'huile de houille.

Cependant tout n'est pas fini quand la pièce sort du bain de dorure. En effet, ce qui s'est déposé, c'est de l'or pur. Mais l'or pur n'est pas une matière commerciale. Nos bijoux, nos monnaies, sont des alliages de cuivre et d'or, contenant 85 à 90 pour 100 d'or, et la couleur de ces alliages usuels n'est point celle de l'or pur, qui est d'un jaune un peu terne. Il est donc nécessaire de communiquer aux pièces d'orfévrerie voltaïque la couleur particulière que l'on connaît à l'or du commerce. De là la nécessité de faire subir à ces pièces, trois nouvelles opérations : le *gratte-bossage*, la *mise en couleur* et le *brunissage*.

Le *gratte-bossage* est, en quelque sorte, la pierre de touche des dépôts métalliques. S'ils ont été obtenus dans de bonnes conditions, ces dépôts résistent à la friction et prennent un beau poli. Ils s'écaillent ou se détachent en feuilles, par l'action du gratte-bossage, lorsque, au contraire, ils n'adhèrent pas suffisamment au métal sous-jacent.

Le *gratte-bosses* est un faisceau de fils de laiton, attaché, à l'aide de tours de ficelle, sur un manche de bois (*fig.* 210) ; ou bien une partie d'un écheveau de fils de laiton lié par son milieu, et recourbé de manière à former une sorte de pinceau (*fig.* 211).

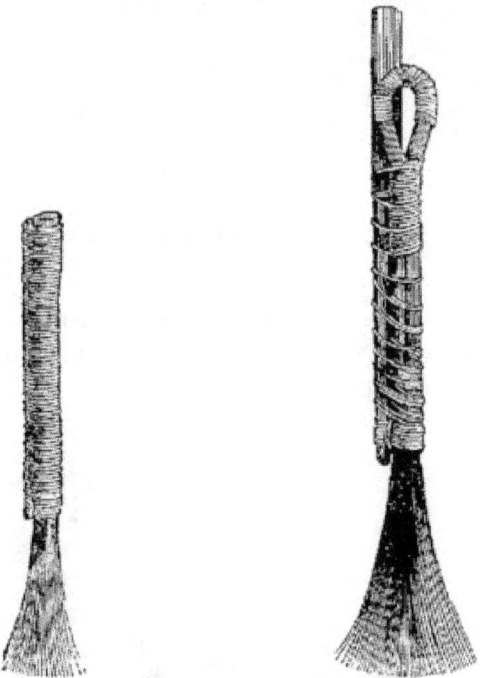

Fig. 210. — Gratte-bosses. Fig. 211. — Gratte-bosses.

Le *gratte-bossage* se pratique toujours au sein d'un liquide. C'est ordinairement une décoction de bois de réglisse, liqueur mucilagineuse, qui permet au gratte-bosses de frotter plus doucement la pièce dorée. Cette liqueur est placée dans un baquet (fig. 212) surmonté, diamétralement, d'une planche placée de niveau avec

les bords du baquet. La planche d'appui ne plonge pas dans l'eau ;
l'ouvrier se contente de mouiller fréquemment le gratte-bosses et
la pièce.

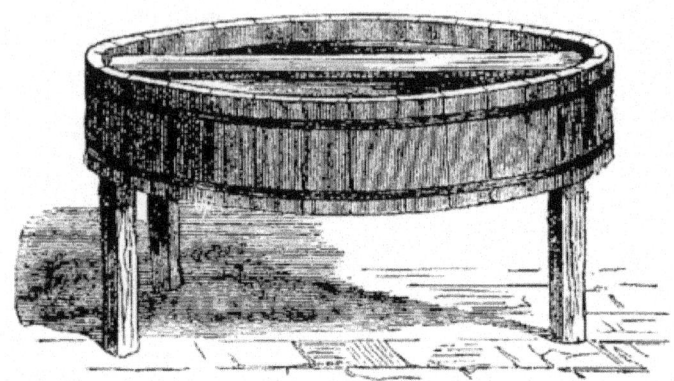

Fig. 212. — Baquet à gratte-bosser.

La figure 213 montre comment l'ouvrier frotte la pièce dorée, en
tenant l'objet de la main gauche sur la planche d'appui et tenant
l'outil de l'autre main.

Fig. 213. — Ouvrier gratte-bossant à la main un bijou doré.

Louis Figuier

Le gratte-bossage à la main est nécessaire pour les pièces fouillées, creusées d'anfractuosités. Mais ce moyen, long et minutieux, n'est pas employé pour les objets unis, tels que les couverts de la table et les grandes pièces d'orfèvrerie. On se sert alors d'une *brosse à tour*, c'est-à-dire d'un gratte-bosses circulaire, tournant au moyen du pied, comme une roue de rémouleur.

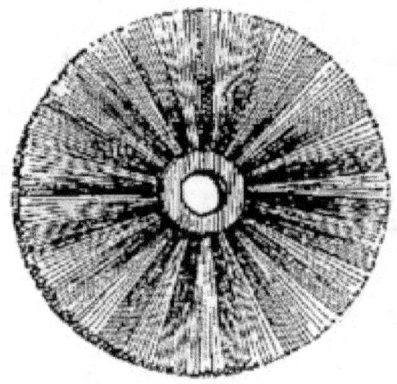

Fig. 214. — Gratte-bosses circulaire.

La figure 214 représente cette brosse circulaire, qui doit tourner sur son axe avec une vitesse de 600 tours par minute.

La figure 215 montre la même brosse installée sur le tour, et l'ouvrier faisant agir l'instrument.

Les objets très-menus d'orfèvrerie ne pourraient être gratte-bossés, on leur communique le brillant désiré par le *sassage* ou le *baquetage*.

On appelle *sassage* le mouvement imprimé aux objets placés dans un sac long et étroit, de manière à opérer entre eux un frottement mutuel et constant. Le sac est rempli de sciure de bois de sapin ou de buis, pour la menue bijouterie, et de sable ou de son, pour les objets de quincaillerie légère. Tenant dans chaque main les extrémités du sac, l'ouvrier lui imprime un mouvement de va-et-vient, tantôt à droite, tantôt à gauche. Souvent les ouvriers se mettent à deux pour opérer le *sassage* ; chacun d'eux tenant une extrémité du sac, ils l'agitent d'un mouvement cadencé.

Fig. 215. — Ouvrier gratte-bossant au tour mécanique un bijou
doré.

Le *baquetage*, qui remplace souvent le sassage, est un procédé em-
prunté aux confiseurs et fabricants de dragées. Il consiste à dessé-
cher les objets dans un baquet suspendu au plafond par des cordes.
L'ouvrier, saisissant à deux mains le baquet, lui imprime d'avant
en arrière, un mouvement saccadé, qui détermine un frottement
énergique entre tous les objets contenus dans le baquet, et qui sont
mêlés de sciure de bois, de sable ou de son (*fig.* 216).

La *mise en couleur* des objets dorés se fait au moyen d'une bouillie appelée *or moulu*, et qui se compose de 30 parties d'alun, 30
parties de nitrate de potasse, 8 de sulfate de zinc, 1 de sulfate de
fer et 1 de sel marin. On applique cette poudre, au pinceau, sur la
pièce dorée à *mettre en couleur* ; ensuite on porte la pièce sur un
feu de charbon de bois, jusqu'à ce que la pâte, fondue et desséchée,

prenne un aspect brunâtre.

Fig. 216. — Baquetage pour sécher les menus bijoux dorés.

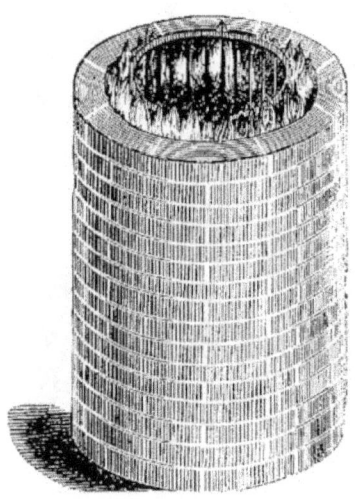

Fig. 217. — Fourneau pour la mise en couleur des bijoux dorés.

Le fourneau employé pour chauffer les bijoux enduits de cette composition corrosive, est de forme cylindrique. Le charbon brûle entre les parois du fourneau et une grille verticale qui laisse, de cette manière, un espace central, dans lequel on place les objets à soumettre à l'action du feu.

La figure 217 donne la vue de ce fourneau.

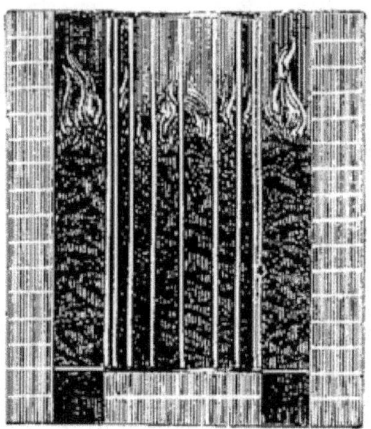

Fig. 218. — Coupe verticale du même fourneau.

La figure 218 est une coupe verticale du même fourneau, montrant la place de la grille et du combustible, et la figure 219 une coupe horizontale.

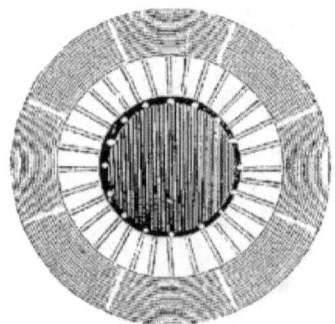

Fig. 219. — Coupe horizontale du même fourneau.

On plonge enfin la pièce encore chaude, dans de l'eau contenant 3 pour 100 d'acide chlorhydrique. On lave ensuite à grande eau, et l'on sèche dans la sciure de bois la pièce, qui, par ce traitement, a pris la couleur de l'or adoptée dans le commerce, en s'appauvrissant en or, sous l'influence de l'action corrosive du mélange salin.

L'opération que nous venons de décrire, est également mise en pratique lorsque la dorure est mal venue, qu'elle est terne et inégale de ton. On a recours alors à la *mise en couleur*, ou, selon les termes d'orfèvrerie, au *passage au mat des bijoux*.

La dernière opération, c'est-à-dire le *brunissage*, a pour but de donner tout à la fois à l'or un beau poli, et d'augmenter son adhérence avec le métal sous-jacent. L'opération consiste à frotter vivement la pièce dorée avec un instrument composé d'une pièce dure, telle qu'agate ou hématite, ou une pointe d'acier, le tout enchâssé dans un manche de bois, et constituant l'instrument connu dans les ateliers sous le nom de *brunissoir*.

Les brunissoirs présentent plusieurs formes, et reçoivent dans les ateliers différents noms, significatifs de ces formes : la *lance*, la *dent*, la *patte-de-biche*, etc. Nous représentons ici (*fig.* 220) les brunissoirs les plus usités pour le polissage de la dorure.

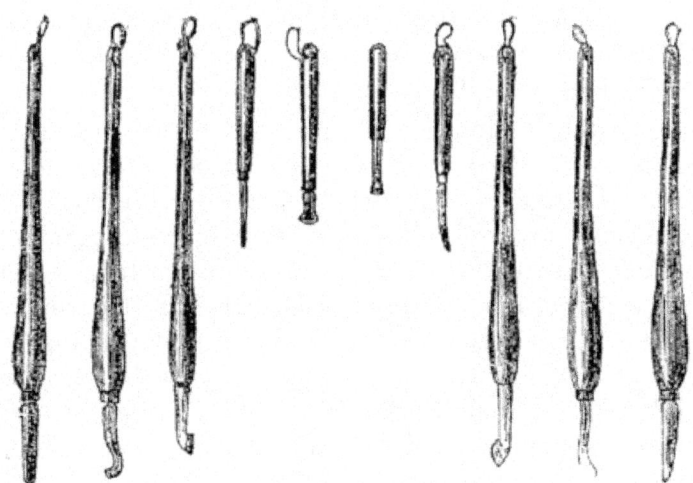

Fig. 220. — Brunissoirs pour les doreurs.

CHAPITRE IX

DORURE AU TREMPÉ.

Bien que la *dorure au trempé*, ou *dorure par immersion*, ne soit pas, à proprement parler, une opération électro-chimique, car elle s'effectue sans l'emploi de la pile, mais bien une opération chimique se résumant dans la précipitation d'un métal sur un autre par un principe d'affinité, nous décrirons ce procédé de dorure, comme appendice à la dorure voltaïque. La *dorure au trempé* a été, en effet, le point de départ, sous le rapport historique, comme sous le rapport expérimental, de la dorure par la pile ; et elle, est encore en usage, pour les dorures excessivement légères, pour ce véritable vernis d'or, incapable sans doute de résister au frottement le plus léger, mais qui ne laisse pas d'être recherché pour les objets d'ornement ou de décor. Le prix excessivement bas auquel revient cette dorure pelliculaire, contribue à lui faire conserver une certaine faveur : il suffira de dire que le kilogramme d'objets de mince laiton dorés par ce procédé ne se vend dans le commerce que 30 francs.

Reposant sur une réaction chimique entre le cuivre et la dissolution de chlorure d'or, la *dorure au trempé*, ou *par immersion*, ne s'applique qu'au cuivre et à ses alliages, comme le laiton, le bronze et le maillechort. Elle ne peut convenir qu'aux objets qui ne doivent être soumis à aucun frottement, sous peine de voir aussitôt disparaître le mince vernis d'or qui les recouvre.

Toutes les fois que l'on plonge dans la dissolution d'un sel métallique, un métal qui soit lui-même plus oxydable que celui de la dissolution, ce dernier est précipité : il se dépose sur le métal immergé, lequel se dissout alors dans le liquide. Que l'on place, par exemple, une lame de cuivre dans une dissolution d'azotate d'argent, la lame de cuivre se recouvrira d'argent métallique. En même temps, une portion de cuivre, passant à l'état d'azotate, entrera en dissolution dans la liqueur, pour remplacer l'argent précipité. Le même fait se reproduirait avec toutes les dissolutions des sels d'argent ; il y aurait toujours précipitation de l'argent et dissolution d'une quantité correspondante de cuivre.

Ce principe établi, il est facile de comprendre théoriquement, le procédé de dorure par voie humide, qui est connu sous le nom de *dorure par immersion*. L'opération s'effectue en plongeant les objets de cuivre dans la dissolution d'un sel d'or : il se fait aussitôt sur le cuivre, un dépôt d'or aux dépens d'une partie correspondante du métal de la pièce immergée. On comprend que la couche d'or déposée soit excessivement mince, car le dépôt est dû à l'action du cuivre sur la dissolution d'or, action qui cesse dès que l'or recouvre exactement le cuivre, et le met ainsi à l'abri de l'action chimique de la liqueur.

C'est là le principe de la dorure par immersion ; quant aux moyens pratiques, ils sont de la plus grande simplicité. La dissolution d'or sur laquelle on opère, est du chlorure d'or, que l'on a fait bouillir pendant deux heures avec une grande quantité de bicarbonate de potasse ; l'acide carbonique se dégage, et le chlorure d'or se transforme en aurate de potasse, sel qui a la propriété de céder de l'or au cuivre, à la température de l'ébullition.

Voici la composition du bain dont se servait Elkington.

Or (transformé en chlorure)	120	grammes.
Eau	16	kilogrammes.
Bicarbonate de potasse	9	—

On faisait bouillir le tout pendant deux heures, en remplaçant l'eau à mesure qu'elle s'évaporait. On séparait alors un dépôt noir d'oxyde d'or, qui s'était formé par l'ébullition, et le bain était prêt à servir.

Ce liquide étant entretenu bouillant dans une bassine de fonte, on y plongeait les objets à dorer (préalablement bien nettoyés et décapés par les bains acides), en les suspendant à un crochet de cuivre que l'opérateur tenait à la main.

Le mélange d'or et de bicarbonate de potasse, dont nous venons de parler comme servant à la *dorure au trempé*, est celui qui fut primitivement employé par Ch. Christofle, à Paris, d'après Elkington. Mais la quantité, tout à fait exagérée, de bicarbonate de potasse qui entre dans ce bain, a fait renoncer à ce procédé, surtout depuis qu'on a découvert d'autres substances chimiques capables de produire la dorure au trempé.

M. Alfred Roseleur, qui a tant perfectionné la partie des arts scientifiques qui nous occupe, a trouvé que le *pyrophosphate double de potasse ou de soude et de protoxyde d'or*, dore parfaitement le cuivre par immersion ; de sorte qu'aujourd'hui la dorure au trempé ne s'exécute plus qu'au moyen de ce sel double. M. Roseleur livre aux fabricants des quantités considérables de pyrophosphate de potasse ou de soude, pour la dorure au trempé.

Voici la manière de composer un bain de dorure au trempé, avec le pyrophosphate de soude, donnée par M. Roseleur dans son ouvrage *Manipulations hydroplastiques*.

On dissout dans l'eau régale, 10 grammes d'or ; on évapore presque à siccité et avec précaution, la dissolution de chlorure d'or, pour chasser la presque totalité des acides libres ; on redissout dans l'eau le chlorure d'or sec. On filtre cette liqueur, pour la séparer de l'or réduit et du chlorure d'argent provenant du sel d'argent qui existe toujours mêlé à l'or. D'autre part, on a fait dissoudre dans l'eau 800 grammes de *pyrophosphate de soude*, et l'on mêle cette dissolution saline à la dissolution du chlorure d'or, de manière à obtenir 10 litres de mélange, qui constituent le bain à dorer.

M. Roseleur conseille d'ajouter à ce bain, de l'acide cyanhydrique, qui rend le sel d'or moins facilement décomposable, et l'empêche de dorer trop rapidement, Mais la préparation de l'acide cyanhydrique étant très-difficile, ce produit étant en outre éminemment vénéneux, beaucoup de doreurs s'abstiennent, avec raison, de toute addition d'acide prussique.

Quoi qu'il en soit, le bain dont nous venons de donner la composition, est placé dans une marmite, sur un fourneau chauffé par le charbon ou par le gaz. Pour obtenir la dorure, on trempe pendant quelques secondes, les objets de cuivre ou de laiton, enfilés dans un crochet de cuivre, dans la liqueur bouillante. L'objet est doré en quelques secondes. Rien n'est plus curieux que de voir les pièces de cuivre plongées dans le liquide, et qui sortent du bain recouvertes aussitôt d'une couche d'or du plus bel éclat.

La figure 221 représente le fourneau pour la dorure au trempé, chauffé au moyen du gaz. C'est, comme on le voit, une caisse de tôle, percée, à sa partie supérieure, de trous destinés à recevoir les fonds des marmites qui contiennent les bains d'or. Dans l'intérieur de la caisse et sous le fond de chaque marmite, se trouve le foyer pour la combustion du gaz, lequel se distribue par une sorte de pomme d'arrosoir criblée de trous.

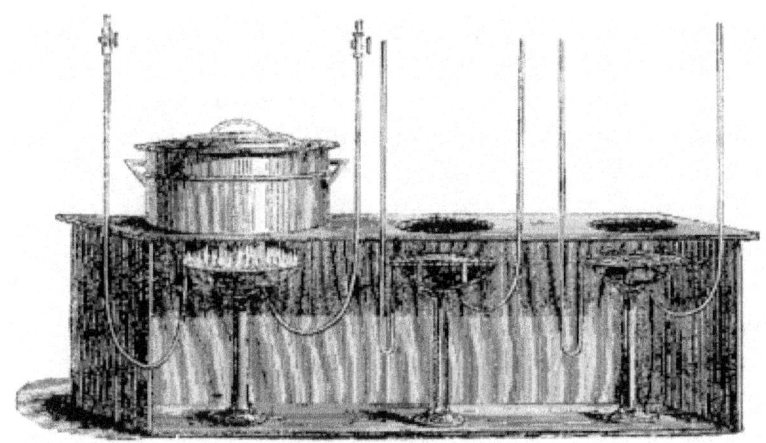

Fig. 221. — Fourneau et bain pour la dorure au trempé.

Les doreurs au trempé ont ordinairement trois bains, placés l'un près de l'autre sur un même fourneau. Le premier est un vieux bain, qui ne contient presque plus d'or, et ne sert qu'à débarrasser les pièces métalliques de l'acide qu'elles peuvent retenir. Le second contient de l'or, mais en quantité suffisante pour fournir une belle dorure. Il a l'avantage de ménager le bain neuf, c'est-à-dire le troisième bain, dans lequel on donne aux objets à dorer la charge et la nuance convenables.

La dorure se fait, avons-nous dit, par une immersion de quelques secondes. Immédiatement après, on lave les pièces à grande eau, et on les sèche dans de la sciure chaude de bois de sapin, de peuplier ou de tilleul ; celles de chêne ou de châtaignier noirciraient la dorure.

La sciure est contenue dans une caisse de bois à deux compartiments et à fond de zinc. La caisse est placée sur un bâti en tôle au-dessous duquel peut glisser, sur des roulettes, une grande chaufferette, remplie de braise de boulanger, qui communique à la sciure de bois une température et un degré de sécheresse convenables.

La dessiccation ne peut s'exécuter, par ce procédé, pour des objets creux dans l'intérieur desquels la sciure de bois ne saurait pénétrer. Aussi les doreurs ont-ils, à côté de leurs caisses à sciure de bois, une petite étuve, chauffée par de la braise de boulanger, et portant des tablettes en toile métallique, autour desquelles l'air peut circuler librement. Les bijoux à sécher sont placés sur ces tablettes. Chaque tablette a une petite porte qui se ferme en *abattant*, pour que l'ouvrier ne puisse jamais la laisser ouverte.

Si les bijoux dorés sont très-menus et faciles à sécher au moyen de la sciure, on les place dans un tamis métallique et on les agite, on les vanne, pour ainsi dire, avec la sciure : ils sont ainsi secs en quelques minutes.

La figure 222 représente les caisses à sciure de bois, l'étuve de doreur et le tamis à toile métallique.

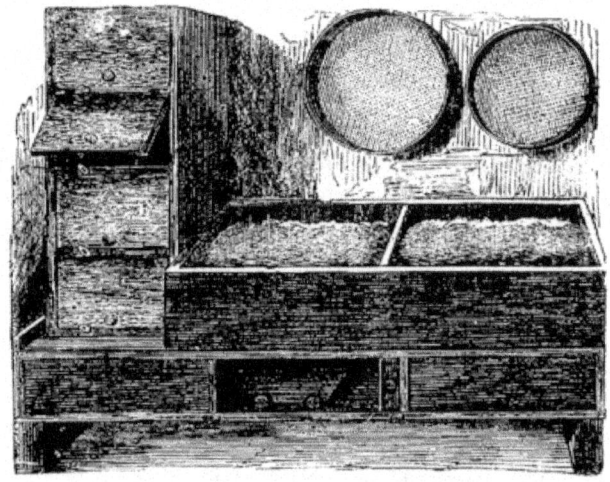

Fig. 222. — Étuve de doreur sur métaux et caisses à sciure de bois.

Bien que la dorure au trempé ne donne à la surface des objets de cuivre et de laiton, qu'une pellicule d'or excessivement mince, M. Roseleur, dans son ouvrage *Manipulations hydroplastiques*, fait connaître un tour de main qui permet de dorer par immersion avec autant d'épaisseur que par le secours de la pile. Ce tour de main consiste à plonger l'objet déjà doré, dans une dissolution d'azotate de bioxyde de mercure, qui laisse sur l'or une couche de mercure. On reporte de nouveau l'objet dans le bain de dorure au trempé : la couche de mercure s'y dissout, et est remplacée par l'or, qui se dépose sur l'objet, de manière à former une seconde couche d'or. Toutes les fois qu'on répète cette opération, il se dépose sur l'objet doré une nouvelle couche de mercure, qui se dissout chaque fois dans le bain de pyrophosphate de soude, en laissant déposer à sa place une nouvelle pellicule d'or.

Cette méthode est souvent mise en pratique pour exécuter dans des bains au trempé, des dorures solides qui sembleraient ne pouvoir être fournies que par la pile, c'est-à-dire les dorures des pendules ou sujets de pendule, candélabres, grands bronzes, etc.

CHAPITRE X

MÉTHODE DE CONSOLIDATION DE LA DORURE VOLTAÏQUE, — L'AMALGAMATION DE L'OR PRÉCIPITÉ PAR LA PILE. — LE VÉRITABLE INVENTEUR DE CETTE MÉTHODE. — UNE ERREUR DU JURY DE L'EXPOSITION UNIVERSELLE DE 1867.

Avant d'en finir avec la dorure électrochimique, nous croyons devoir consacrer un chapitre à une méthode particulière qui a été imaginée pour augmenter l'adhérence de la dorure voltaïque. Une circonstance particulière et récente, c'est-à-dire un grand prix décerné à ce sujet, par le jury de l'Exposition universelle de 1867, nous engage à traiter incidemment cette question.

L'adhérence de l'or précipité sur le cuivre par la pile, est presque toujours suffisante ; mais lorsque l'on tient à l'augmenter, on est fort embarrassé pour y parvenir. En accroissant l'épaisseur de la couche d'or, par la prolongation du séjour dans le bain, on n'ajouterait pas à l'adhérence, phénomène physique qui ne tient pas à l'épaisseur de la couche, mais bien à une affinité spéciale entre les deux métaux superposés.

Le moyen d'accroître cette adhérence a pourtant été trouvé.

Sur les dorures obtenues par la pile, on dépose, par les procédés électro-chimiques, c'est-à-dire par la décomposition du cyanure de mercure au moyen de la pile, une couche de mercure. Le mercure s'amalgame avec l'or et le blanchit. Pénétrant ensuite dans l'épaisseur du cuivre, cet amalgame adhère à ce métal avec une grande force et une grande homogénéité. Si l'on chauffe ces plaques recouvertes d'amalgame, on décompose l'amalgame, le mercure s'évapore, et l'or demeure, ayant contracté avec le cuivre une adhérence considérable, et aussi forte que celle qui résultait de l'ancien procédé de dorure par l'amalgame.

Cette méthode est donc une alliance de l'ancien procédé de dorure au mercure et des nouveaux procédés électro-chimiques, avec cet avantage, qu'il assure toute l'adhérence que donnait la dorure au mercure et qu'il est exempt des dangers de ce procédé, les vapeurs de mercure se dégageant dans l'intérieur du tuyau d'une cheminée, et ne pouvant, en aucune manière, être absorbées par les personnes qui travaillent dans l'atelier.

M. H. Dufresne, qui est, si nous ne nous trompons, artiste sculpteur et amateur de sciences, a décrit cette méthode le 2 avril 1867, dans un mémoire adressé à l'Académie des sciences. Au mois de juillet 1867, il a obtenu pour ce travail, l'un des grands prix décernés par le Conseil supérieur de l'Exposition universelle.

Or, ce système, que le jury de l'Exposition universelle de 1867 a solennellement couronné comme nouveau, a plus de dix-sept ans d'existence. Imaginé en 1851, par le duc de Leuchtemberg, il a servi à dorer du haut en bas la cathédrale du Sauveur, à Moscou.

Nous avons raconté, au commencement de cette notice, qu'en 1837, on dora, par l'amalgamation, la coupole extérieure de l'église Saint-Isaac, à Saint-Pétersbourg, et nous avons dit les tristes résultats qu'amena ce travail, pour les ouvriers qui furent chargés de l'exécuter. Environ dix ans après, c'est-à-dire en 1848, on voulut dorer l'intérieur de la même église. Mais alors, la dorure par les procédés électro-chimiques était connue. La dorure de l'intérieur de Saint-Isaac fut donc exécutée, dans l'*Institut galvanique* du duc de Leuchtemberg, au moyen des procédés nouveaux, c'est-à-dire par la pile agissant sur le cyanure d'or dissous dans le cyanure de potassium. 240 kilogrammes d'or appliqué sur des lames de cuivre, et présentant une valeur de près d'un million, couvrirent la coupole intérieure de l'église.

En 1851, on résolut de dorer la coupole extérieure de la cathédrale du Sauveur, à Moscou. Comme ici, la dorure devait rester exposée, au dehors, à toutes les influences atmosphériques, la dorure par l'intermédiaire du mercure paraissait seule devoir répondre à ces conditions. Mais on se souvenait, avec regret, des tristes résultats de l'opération faite à Saint-Pétersbourg, en 1837. D'un autre côté, on se défiait de la dorure électro-chimique, dont on avait déjà abusé en Russie, comme ailleurs, en n'appliquant que de minces couches d'or. L'argument puisé dans la résistance et la bonne qualité de la dorure de la coupole intérieure de Saint-Isaac, à Saint-Pétersbourg, n'était pas admis, par cette raison, d'ailleurs fondée, que cette coupole, se trouvant à l'intérieur de l'église, est à l'abri des influences nuisibles de l'atmosphère.

C'est alors que le duc de Leuchtemberg eut l'idée du procédé dont nous avons signalé plus haut le principe. Sur les grandes plaques de cuivre, déjà dorées par la pile au moyen du cyanure d'or, il fît précipiter une couche de mercure par la pile, en les plaçant dans un bain de cyanure de mercure. Ces plaques, ainsi recouvertes d'amalgame d'or, étaient introduites dans des fours chauffés et munis d'excellentes cheminées qui provoquaient un tirage énergique. Le mercure s'évaporait sans se répandre dans les ateliers, et l'or demeurait, ayant contracté, pendant son amalgamation momentanée, une adhérence puissante avec le cuivre.

Voilà comment fut dorée la coupole extérieure de la cathédrale du Sauveur, à Moscou.

Nous devons ajouter que ce procédé fut également mis en pratique dans l'usine électro-chimique de Ch. Christofle, à Paris, en plus d'une circonstance, depuis l'année 1852.

C'est ce même procédé que le jury de l'Exposition universelle de 1867 a honoré d'un grand prix, en se trompant singulièrement, on le voit, sur son inventeur. Cette méthode, récompensée comme nouvelle, avait déjà servi à déposer de l'or pour une somme de plusieurs millions, tant en Russie qu'en France.

Nous savons bien que les savants français sont, en général, fort ignorants de ce qui se passe à l'étranger, et que, pour la plupart d'entre eux, le monde scientifique est compris dans le périmètre qui s'étend de l'Institut à la Sorbonne et de l'Observatoire au Jardin des Plantes ; de telle sorte que bien des découvertes admirées chez nous comme nouvelles, sont depuis longtemps chose vulgaire à l'étranger. Mais ce qui nous surprend, c'est qu'un jury international, qui renferme, comme son nom l'indique, quelques membres étrangers, ait ignoré un fait connu en Russie de tous les hommes de science, et qui est rapporté dans les *Mémoires de l'Académie impériale de Saint-Pétersbourg.*

CHAPITRE XI

L'ARGENTURE VOLTAÏQUE. — IMPORTANCE DE L'ARGENTURE VOLTAÏQUE AU POINT DE VUE DES ARTS. — SON UTILITÉ POUR LA SALUBRITÉ PUBLIQUE ET LE COMMERCE DES MÉTAUX PRÉCIEUX. — DESCRIPTION DU PROCÉDÉ POUR ARGENTER PAR LA PILE. — L'ARGENTURE PAR IMMERSION.

Nous arrivons à la partie la plus importante de l'électro-chimie. L'argenture voltaïque, répandue aujourd'hui dans le monde entier, a complètement révolutionné nos habitudes. Elle a mis à la disposition de tous, des produits que l'on considérait autrefois comme l'apanage exclusif du luxe. Les couverts argentés par la pile, se voient dans tous les ménages quelque peu aisés ; il serait à désirer qu'ils remplaçassent partout la vaisselle d'étain, et le jour viendra de cette heureuse substitution. En attendant, la vaisselle argentée par la pile tend à faire pénétrer partout le goût du beau et du confortable, par l'élégance des formes qui lui est propre et l'inaltérabilité dont elle a le privilège. Elle a, en même temps, l'avantage d'assurer au possesseur la tranquillité d'esprit. Les couverts de table que l'on confectionnait autrefois en argent massif, se fabriquent maintenant avec un métal sans valeur, le maillechort, recouvert d'une couche d'argent, qu'il est facile de renouveler après l'usure. Il résulte de là qu'un maître de maison est débarrassé de toute préoccupation, quant à la surveillance et à la garde de sa vaisselle. Autrefois, l'achat de l'argenterie absorbait une fraction importante de la fortune d'un jeune ménage ; cette dépense ne représente aujourd'hui qu'un chiffre insignifiant dans son budget. Que d'ennuis, que de craintes et de surveillance, sont également évités aux divers chefs d'établissements qui sont forcés, comme les restaurateurs, par exemple, de mettre une masse de couverts de table à la disposition du public et de domestiques de toute sorte. Il arrive encore quelquefois qu'un voleur, individu fort peu au courant, par état, des progrès de la science, met dans sa poche le couvert du restaurateur chez lequel il a dîné. Mais, dans ce cas, c'est le voleur lui-même qui est volé ; car s'il a le malheur d'aller offrir en vente à un orfèvre, ou de présenter à un bureau de mont-de-piété le produit de son larcin, cette circonstance suffit à déceler son action, et souvent il ne faut pas d'autre indice pour envoyer notre homme réfléchir, en prison, sur les avantages et les inconvénients de la science et du progrès.

La diffusion de l'argenterie voltaïque a des avantages d'un ordre plus sérieux. Elle permet de laisser dans la circulation, pour l'emploi monétaire, une masse énorme de métaux précieux, qui, autrefois, étaient absorbés par les travaux de l'orfèvrerie, ce qui contribuait à maintenir le prix commercial de l'argent à un taux élevé. Quelques chiffres fixeront les idées à cet égard. L'usine de MM. Christofle, à Paris, qui est loin d'être la seule se livrant à ce genre de fabrication, a argenté, depuis 1842 jusqu'en 1860, cinq millions six cent mille couverts, qui ont retiré de la circulation trente-trois mille six cents kilogrammes d'argent, valant six millions sept cent mille francs. Une pareille quantité de couverts, exécutés en argent massif, aurait fait disparaître de la circulation un million de kilogrammes d'argent, c'est-à-dire plus de deux cents millions de numéraire, qui auraient été employés sans doute aux usages de l'orfèvrerie et auraient sensiblement augmenté le taux du prix commercial de l'argent.

Au point de vue artistique, l'argenture offre aux dessinateurs, aux sculpteurs, et même aux ciseleurs de métaux, un avenir sur lequel ils ne comptaient pas au début d'une invention et d'une industrie dans laquelle ils croyaient voir le présage certain de leur ruine. Beaucoup d'artistes, beaucoup d'amateurs, ont vu avec regret s'introduire dans l'orfèvrerie l'argenture voltaïque, pour remplacer l'argent massif, qui jouissait, depuis des siècles, de la propriété exclusive de fournir sa matière précieuse aux inspirations de l'artiste. Mais il est facile de reconnaître que la substitution du plaqué galvanique à l'argent pur, ne peut être que fort utile aux progrès et à l'avenir de la sculpture. N'étant plus arrêté par le prix excessif de la matière première à employer, l'artiste qui confiera à l'électro-chimie la reproduction de ses modèles, pourra donner libre carrière à son imagination ; et il aura ainsi les moyens de créer des chefs-d'œuvre dont l'idée même n'aurait pu être conçue, autrefois. Il est à remarquer qu'aucune des grandes pièces d'orfèvrerie sculptée, exécutées pendant les deux derniers siècles, et qui ont fait l'admiration des cours de Louis XIV et de Louis XV, n'est parvenue jusqu'à nous. Dans les moments difficiles de nos révolutions, la perfection d'un objet d'art a rarement trouvé grâce devant la nécessité d'en réaliser la valeur pécuniaire, et nos hôtels de monnaie ont transformé en informes lingots les plus belles créations des artistes des siècles passés. Au contraire, de toutes les œuvres sculpturales exécutées en bronze à la même époque, aucune ne s'est perdue, grâce à cette heureuse circonstance que la matière première en était sans valeur. Pour la conservation des chefs-d'œuvre artistiques de notre âge, il est donc à désirer que l'emploi de l'argenture voltaïque se répande de plus en plus, et pénètre plus encore dans nos habitudes.

Tout le monde connaît le chef-d'œuvre d'art et d'industrie exécuté par MM. Christofle pour l'hôtel-de-ville de Paris. La figure 228 représente la pièce du milieu de cet admirable *surtout de table*, qui était un des ornements les plus brillants de l'Exposition universelle de 1867, et qui a servi à décorer les somptueux banquets offerts, par la ville de Paris, aux divers souverains qui sont venus rendre hommage, à cette époque, à la grandeur et au génie de la France. Autrefois la pensée d'exécuter une pièce aussi compliquée, aussi soignée dans tous ses détails, n'aurait même pu venir. Il faut ne pas être arrêté par le prix de la matière première, pour commander à des artistes des œuvres de cette importance. En argent massif, cette pièce aurait dépassé, par son prix, la fortune du souverain le plus riche de l'univers.

Fig. 228. — Pièce du milieu du surtout de table de l'Hôtel-de-ville, exécuté dans les ateliers de MM. Christofle, à Paris.

Louis Figuier

Il est une dernière considération, et à nos yeux la plus puissante, en faveur de l'argenture voltaïque : c'est la salubrité de son usage. Il est vraiment pénible de voir la vie humaine à la merci des misérables ustensiles employés dans nos cuisines. On se sent saisi de tristesse et de pitié quand on voit le ménage aisé, tout comme les grands établissements publics, les hospices, les administrations, l'armée, préparer leurs aliments dans des vases de cuivre, recouverts, plus ou moins bien, d'une couche d'étain, métal qui ne vaut guère mieux que le cuivre ; quand on voit le ménage pauvre se servir, pour l'usage de la cuisine ou de la table, de couverts d'étain, ou d'alliages divers, essentiellement oxydables et altérables, qui ne méritent guère leur réputation d'être économiques, car il faut les renouveler sans cesse, et dont le tort le plus grave est de donner naissance, par l'action des liquides alimentaires, à des sels vénéneux, ou tout au moins vomitifs. Chacun partagera donc notre vœu philanthropique, à savoir, que l'argenture voltaïque devienne un jour d'un usage général ; qu'il ne soit pas de ménage si pauvre, d'établissement public si mal doté, qui ne puisse un jour préparer ses aliments dans des vases de métal revêtus par la pile d'une couche inaltérable d'argent. Le progrès que nous rêvons sera certainement réalisé dans l'avenir, grâce à la simplicité, à l'économie des méthodes qui servent aujourd'hui à obtenir dans les ateliers l'argenture voltaïque, méthodes dont la description doit maintenant nous occuper.

Les procédés qui servent à l'argenture voltaïque sont les mêmes, en principe, que ceux de la dorure par la pile ; cette circonstance nous permettra d'abréger beaucoup nos descriptions.

L'argenture par la pile s'opère au moyen du cyanure d'argent dissous dans le cyanure de potassium, et formant un cyanure double de potassium et d'argent, soluble dans l'eau. Comme le cyanure d'or, le cyanure d'argent est décomposé par la pile ; l'argent se porte au pôle négatif, auquel on attache l'objet à argenter, et le cyanogène se porte au pôle positif. Si l'on attache au fil positif de la pile, une lame d'argent, c'est-à-dire un *anode métallique*, le cyanogène qui se dégage à ce pôle, rencontrant l'anode d'argent, le dissout, et forme du cyanure d'argent, lequel maintient le bain toujours chargé de la quantité de cyanure d'argent nécessaire à l'opération.

Voilà la théorie de l'argenture par la pile, calquée nécessairement sur celle de la dorure. Ajoutons que l'on prend du cyanure d'argent, et non de l'azotate d'argent, ce qui serait bien plus simple, parce que la décomposition de l'azotate d'argent par la pile, mettrait en liberté de l'acide azotique, lequel attaquerait la surface du métal immergé, et rendrait l'argenture incomplète et non adhérente.

Voici comment se prépare le cyanure d'argent destiné à l'argenture. On dissout peu à peu et avec précaution, 2 kilogrammes d'argent dans 6 kilogrammes d'acide azotique ; on obtient ainsi de l'azotate d'argent, que l'on évapore à siccité, pour chasser tout excès d'acide : il est même bon de pousser la chaleur jusqu'à provoquer la fusion de l'azotate d'argent. On fait dissoudre dans 25 litres d'eau cet azotate d'argent fondu.

D'autre part, on a fait dissoudre dans 10 litres d'eau, 2 kilogrammes de cyanure de potassium pur. On verse la dissolution du cyanure de potassium dans celle de l'azotate d'argent, ce qui donne un précipité insoluble de cyanure d'argent. On recueille sur un filtre ce cyanure d'argent, et on le lave ; puis on le délaye dans une dissolution de 2 kilogrammes de cyanure de potassium dans 10 à 20 litres d'eau. Le cyanure d'argent ne tarde pas à se dissoudre dans ce liquide, en formant du cyanure double de potassium et d'argent, soluble dans l'eau. On ajoute alors une quantité d'eau suffisante pour faire un volume de 100 litres. C'est là le bain propre à l'argenture : il faut seulement le faire bouillir pendant deux ou trois heures avant de s'en servir. M. Bouilhet recommande d'ajouter à ce bain 1 kilogramme de cyanure double de potassium et de fer (prussiate jaune de potasse) pour le rendre immédiatement propre à l'argenture[22].

Tandis que la dorure voltaïque se fait mieux à chaud qu'à froid, l'argenture, au contraire, s'opère mieux à froid qu'à une température élevée, ce qui simplifie l'opération.

On opère l'argenture des couverts dans des cuves en bois, de forme rectangulaire, doublées de gutta-percha. On leur donne une hauteur convenable, pour que les pièces qu'on y suspend soient surnagées par $0^m,10$ de liquide, en laissant la même distance entre elles et le fond ou les parois latérales de la cuve. Le long des bords de cette cuve, règne une tringle de cuivre, à laquelle on suspend les lames d'argent ou *anodes*, destinés à maintenir le bain saturé de cyanure d'argent. Ces anodes sont tous reliés entre eux par un châssis, et communiquent avec le pôle positif de la pile. Une seconde tringle règne le long des bords de la cuve. Les objets à argenter sont suspendus à cette seconde tringle, par des crochets ; et ce second système communique avec le pôle positif de la pile. Les deux tringles, qui font le tour du support de la cuve, sont parfaitement séparées l'une de l'autre, puisqu'elles représentent les deux pôles opposés de la pile ; leur hauteur est même différente, afin qu'une lame de métal, disposée transversalement ne puisse se poser que sur les deux côtés d'une même tringle sans toucher l'autre. Sans cela, la communication serait établie entre les deux pôles, et le courant ne traverserait plus le bain.

Fig. 224. — Cuve et bain pour l'argenture voltaïque.

La figure 224 représente la cuve pour l'argenture voltaïque, avec les dispositions qui viennent d'être décrites.

Nous représentons à part, (*fig.* 225) un châssis portant un certain nombre de couverts, et (*fig.* 226) l'anode d'argent, que l'on place en regard de l'objet à argenter.

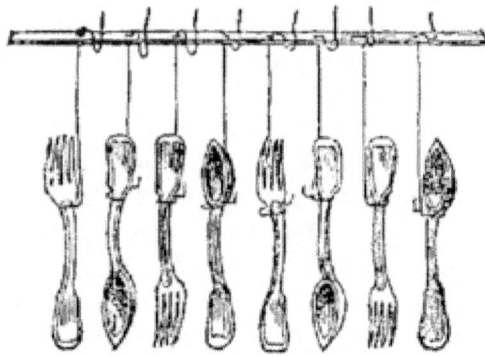

Fig. 225. — Pôle négatif de la pile, dans le bain pour l'argenture.

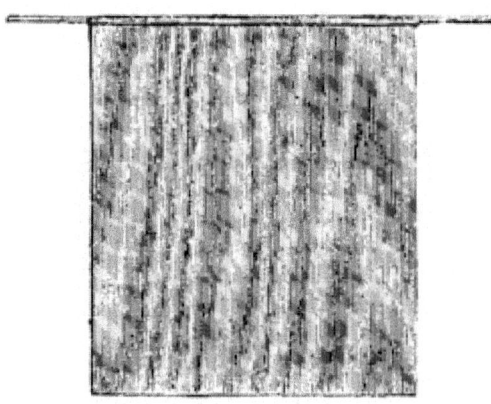

Fig. 226. — Pôle positif de la pile, dans le bain pour l'argenture
(anode d'argent).

On place dans une même cuve quatre ou cinq de ces groupes, formés de l'objet à argenter et de l'anode d'argent placé, l'un au pôle négatif, l'autre au pôle positif.

Nous n'avons pas besoin de dire que les objets à argenter ne sont introduits dans le bain, qu'après avoir été soumis à la série d'opérations préalables du décapage chimique ou mécanique, qui mettent leur surface en état de recevoir convenablement l'argenture. Nous avons décrit assez longuement les opérations du décapage, à propos de la dorure, pour n'avoir pas besoin d'y revenir ici.

Au milieu de l'opération, il est bon de retourner les objets de haut en bas, pour éviter un dépôt trop considérable sur les parties les plus profondément immergées. En effet, les parties du liquide les moins appauvries en sel d'argent, et par conséquent les plus denses, tombent au fond de la cuve ; et dans ce point, le dépôt d'argent doit avoir plus d'épaisseur. De là, la nécessité de changer de place, une fois au moins, les objets qui séjournent dans le bain. Ce changement de place a encore l'avantage d'éviter les *stries*, ou raies longitudinales, qui se produisent fréquemment sur les objets unis qu'on abandonne, dans le bain, à un repos trop prolongé. Ces raies sont dues à de petits courants liquides ; elles proviennent de la descente continuelle des couches du liquide plus denses, et de l'ascension des couches plus légères.

Fig. 223. — Atelier des bains pour l'argenture életro-chimique dans l'usine de MM. Christofle, à Paris.

Tous les petits inconvénients que nous venons de signaler, ne se produiraient pas, évidemment, si l'on agitait le bain de manière à mêler constamment ses différentes parties. Dans les grands ateliers d'argenture, on a considéré comme indispensable de produire cette agitation continuelle du liquide composant le bain, et on l'a réalisée d'une façon mécanique assez curieuse. Quand nous visitâmes, au mois d'août 1867, l'usine électrochimique de MM. Christofle, à Paris, nous ne fûmes pas peu surpris de voir, en passant devant les bains d'argenture, les châssis porteurs d'objets en train de s'argenter, se lever lentement et comme d'eux-mêmes au sein du liquide, sans que rien, en apparence, pût expliquer ce mouvement. Les couverts et les pièces d'argenterie semblaient vouloir sortir du bain, pour voir ce qui se passait dans l'atelier. Le mystère nous fut expliqué, quand on nous montra que le châssis qui supporte les objets à argenter, est suspendu à une corde flexible, et maintenu au-dessus du bain, au moyen d'un cadre de bois qui s'élève en l'air, à certains intervalles, lorsqu'un petit levier excentrique, fixé à la poulie d'un petit arbre moteur, vient soulever ce cadre, pour le laisser ensuite retomber dans le liquide, ce qui produit l'agitation reconnue nécessaire au mélange exact des différentes parties du liquide.

La figure 227 représente ce petit système. AA est le cadre de bois, B la poulie tournant par l'effet d'une courroie D attachée à l'arbre moteur de l'atelier ; C est l'excentrique fixé sur la roue B.

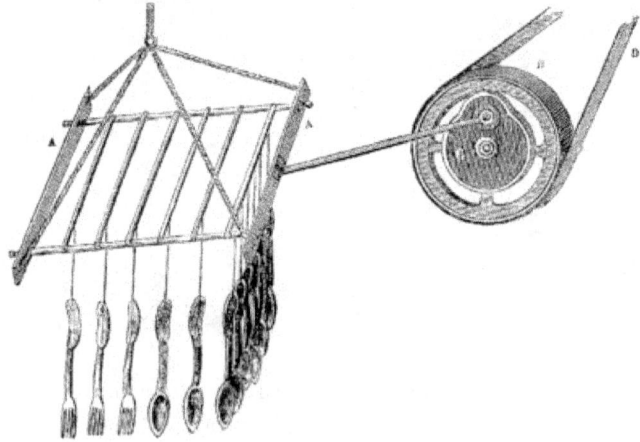

Fig. 227. — Agitateur mécanique des bains d'argenture électro-chimique.

Une douzaine de couverts de table en maillechort, d'une grandeur ordinaire, doit recevoir 80 à 100 grammes d'argent, pour présenter l'épaisseur nécessaire à une bonne argenture. La pratique des ateliers a vite appris le temps nécessaire pour que cette quantité d'argent soit déposée sur chaque douzaine de couverts. On s'en assure, du reste, en pesant, après le décapage, une pièce prise au hasard, et pesant la même pièce après le temps approximatif de son séjour dans le bain. Un séjour de quatre à cinq heures, suivant l'énergie du courant voltaïque, suffit pour provoquer ce dépôt.

Pour un bain contenant 600 litres de liquide, quatre éléments de la pile de Bunsen, de $0^m,20$ sur $0^m,40$, suffisent, d'après M. Bouilhet, pour déposer, en quatre heures, 450 grammes d'argent[23].

Au sortir du bain, les pièces argentées sont soumises au *gratte-bossage*, dont nous avons décrit la manœuvre avec détails, en parlant de la dorure. Cette opération augmente l'adhérence de l'argent, et signale les pièces mal argentées, qu'il faut remettre au bain. Il ne reste plus alors qu'à soumettre les pièces argentées au brunissoir, qui leur communique l'admirable poli propre à l'argenture voltaïque.

Le dépôt d'argent provenant du bain que nous venons de décrire, est ordinairement mat. M. Elkington a fait cette observation singulière, et qu'il est difficile d'expliquer, au point de vue physique et chimique, qu'un peu de sulfure de carbone, ajouté à ces bains, permet d'obtenir une argenture brillante. De cette manière, le gratte-bossage et le brunissage sont beaucoup moins nécessaires :

« La meilleure manière d'employer le sulfure de carbone, dit M. Bouilhet, dans l'article que nous avons déjà cité, c'est de mettre dans un flacon bouché à l'émeri 10 grammes de sulfure avec 10 litres de bain, et de le laisser vingt-quatre heures en contact ; au bout de ce temps, il se forme un précipité noirâtre, et la solution est bonne à employer. Avant chaque opération d'argenture, on verse 1 centimètre cube de cette liqueur par litre de bain, et immédiatement le dépôt de l'argent devient brillant comme s'il avait été gratte-bossé. »

Nous finirons ce chapitre par quelques mots sur l'argenture au trempé, c'est-à-dire l'argenture sans l'emploi de la pile. On peut, en effet, argenter, comme on peut dorer, par simple immersion. Il existe, pour cela, deux procédés qui s'emploient, l'un à froid, l'autre à chaud. Ils donnent un léger vernis d'argent, qui ne s'applique qu'à quelques menus articles, comme boucles, boutons, agrafes, etc.

L'argenture par immersion à chaud se fait dans un bain de cyanure double de potassium et d'argent, peu différent, par sa composition, de celui qui sert à l'argenture voltaïque.

Le procédé d'*argenture par immersion à froid*, le plus commode et qui fournit une argenture inaltérable, a été découvert par M. Roseleur. Il consiste à faire usage de bisulfite de soude. Nous renvoyons au traité des *Manipulations hydroplastiques*[24], pour les détails de ce procédé, excellent sans doute, mais qui est encore peu en usage dans l'industrie électro-chimique.

CHAPITRE XII

DÉPÔTS ÉLECTRO-CHIMIQUES DU PLATINE, DU ZINC, DE L'ÉTAIN ET DU CUIVRE. — FORMATION ET DÉPÔT, PAR LA PILE VOLTAÏQUE, DES ALLIAGES DE CUIVRE : DÉPÔT DU LAITON.

L'or et l'argent ne sont pas les seuls métaux que l'on puisse déposer, en couches minces, à la surface des autres métaux. La théorie fait pressentir, et la pratique démontre, que, par un choix judicieux de dissolutions, on peut obtenir, par la pile, la précipitation de presque tous les métaux les uns sur les autres, c'est-à-dire que l'on peut effectuer le *platinage*, le *zincage*, l'*étamage*, le *cuivrage*, le *ferrage*, l'*antimoniage*, le *bismuthage*, le *plombage*, le *nickelage*, etc. Tous ces dépôts métalliques ne répondent pas également aux besoins de l'industrie, ou présentent des difficultés pratiques spéciales. Ceux qui s'exécutent dans les ateliers, et que nous allons rapidement considérer, sont les dépôts de platine, de zinc, d'étain, de cuivre et de laiton.

Le dépôt de platine s'applique à plusieurs objets d'ameublement ou d'ornement : des candélabres, des lustres, des flambeaux, des chenets, etc. Le ton particulier du platine, son éclat et son inaltérabilité, son aspect artistique, sont quelquefois recherchés pour ce genre d'application.

Le cuivre et ses alliages, c'est-à-dire le bronze et le laiton, peuvent seuls être platinés directement.

On a d'abord platiné les métaux par la pile, dans un bain composé de 1 litre d'eau, de 300 grammes de carbonate de soude et de 10 grammes de platine transformé en chlorure par l'eau régale. On opérait à la température de 80°, avec une pile énergique et en se servant d'un anode de platine. Mais l'opération marchait mal. M. Roseleur a fait connaître le procédé suivant, qui permet de platiner facilement, et à toute épaisseur, le cuivre et ses alliages.

On dissout dans l'eau régale, 10 grammes de platine ; on évapore à siccité le chlorure de platine, que l'on redissout dans 500 grammes d'eau distillée. On ajoute à cette liqueur une dissolution de 100 grammes de phosphate d'ammoniaque dans 500 grammes d'eau, ce qui donne un précipité de *phosphate ammomaco-platinique*. On recueille ce précipité, et on le redissout, à chaud, dans 1 litre d'eau contenant 500 grammes de phosphate de soude.

Ce bain est facilement décomposé par la pile, si on le maintient à la température de 80°. Seulement, il faut remplacer le platine qui se dépose, en ajoutant, de temps en temps, du précipité de phosphate ammoniaco-platinique.

« Comme la plupart des articles du commerce, dit M. Roseleur, tels que lustres, candélabres, lampes, etc., sont très-légèrement platinés, on a soin de les brunir avant le dépôt de platine, et une fois l'opération achevée, on se contente de les passer à la peau et au rouge anglais ; on évite ainsi les difficultés, souvent très-grandes, de brunir sur le platine lui-même. »

Le zinc s'applique facilement par la pile. Si l'on précipite du sulfate de zinc par l'ammoniaque, et que l'on ajoute de l'ammoniaque en excès, pour dissoudre l'oxyde de zinc, on obtient un bain qui donne d'assez bons résultats. On peut aussi faire usage d'un mélange de sulfate de zinc et de cyanure de potassium dissous dans l'eau, ou bien de sulfate de zinc et de sulfate de soude.

Mais le zincage des métaux par la pile donne un dépôt trop léger, et coûterait trop cher pour être employé industriellement. Il existe pour le zincage du fer, une opération beaucoup plus simple, et d'ailleurs bien ancienne, car elle fut pratiquée en France, en 1742, par Malouin. Elle consiste à tremper dans un bain de zinc fondu, le fer, préalablement décapé, avec soin, par un acide ou par un mélange salin corrosif.

M. Sorel, qui a, de nos jours, donné à cette industrie une extension considérable, a fait connaître les meilleurs bains de décapage du fer et du cuivre, ainsi que les procédés les plus économiques pour recouvrir d'une couche de zinc, le fer et le cuivre, en les faisant passer dans du zinc fondu.

Le zincage du fer est bien supérieur à l'étamage, pour la conservation de ce métal. En effet, la couche de zinc qui enveloppe le fer, s'oxyde en partie, et, enveloppant de toutes parts le fer sous-jacent, le met à l'abri de toute altération ultérieure. Ce procédé de conservation du fer est tellement sûr, tellement économique, que nous avons peine à comprendre comment on néglige d'y avoir recours toutes les fois que le fer doit rester exposé aux influences atmosphériques. Tandis que le fer abandonné à l'air, s'oxyde en quelques mois, tandis que les couches de peinture dont on recouvre ce métal, ont besoin d'être renouvelées à quelques années d'intervalle, le *fer zingué* est, au contraire, véritablement indestructible. Aussi nous ne saurions trop recommander aux industriels, aux architectes, l'usage de ce précieux moyen de préservation.

Les fils de fer qui servent de conducteurs à nos télégraphes électriques, sont toujours revêtus d'une couche de zinc, en les faisant passer dans un bain de zinc fondu.

Le zincage du fer ou du cuivre, dans un bain de zinc fondu, est donc un procédé excellent et qu'on ne saurait trop recommander. Seulement, on a donné à cette opération un nom déplorable. On rappelle *galvanisation du fer* ou du *cuivre* ; on appelle *fer galvanisé, cuivre galvanisé*, le fer ou le cuivre zingués par ce moyen. Rien n'est plus fâcheux que cette dénomination, car elle introduit dans les idées la confusion qu'il importerait le plus de bannir. Les mots de *galvanisation du fer* et de *fer galvanisé*, font croire qu'il s'agit ici d'un dépôt obtenu par les procédés galvaniques ou voltaïques, d'un dépôt de zinc provoqué par la pile ; tandis qu'il s'agit d'une simple application mécanique d'une couche de zinc dont on enveloppe l'objet, en le trempant dans un bain de zinc fondu. On ne saurait croire à combien de méprises et de malentendus donne lieu, entre clients et fabricants, cette désignation malheureuse. Ainsi, procédé excellent, nom absurde, tel est le jugement qu'il faut porter sur le zincage du fer et du cuivre par le zinc fondu.

Tout le monde sait avec quelle facilité le fer et le cuivre se recouvrent d'étain par un simple moyen mécanique, c'est-à-dire en frottant le cuivre ou le fer, chauffés, avec de l'étain fondu. C'est ainsi que l'on obtient ce fer et ce cuivre *étamés*, qui sont d'un si grand usage dans l'économie domestique. Le dépôt d'étain sur le cuivre et le fer, peut également s'opérer par la pile. On doit à M. Roseleur un procédé irréprochable, et actuellement très-employé dans l'industrie, pour étamer le fer et la fonte par la pile.

Le bain de M. Roseleur est ainsi composé :

Eau	500	litres.
Pyrophosphate de soude	5	kilogr.
Protochlorure d'étain fondu	500	gram.

En soumettant à l'action de la pile ce bain contenant les objets de fer à étamer, l'étain se dépose avec régularité. On fait usage d'un anode en étain ; mais comme cet anode ne suffit pas pour alimenter le bain, il faut, de temps en temps, ajouter parties égales de sel d'étain et de pyrophosphate de soude.

Ce bain peut aussi fonctionner sans aucun courant voltaïque. Dans le liquide on met les pièces à étamer en contact avec des fragments de zinc, qui déterminent la précipitation de l'étain ; et on agite le tout, pour éviter les taches qui pourraient résulter du contact du zinc. L'opération est terminée en deux heures. On ajoute dans le bain une nouvelle quantité de sel d'étain et de pyrophosphate en parties égales, afin de pouvoir commencer un autre dépôt.

M. Roseleur a fait connaître différents procédés, dans le détail desquels il serait trop long d'entrer, et qui lui permettent d'étamer une grande quantité d'objets divers pour l'industrie, et d'obtenir en particulier ces vases de fonte pour l'usage de la cuisine, dits de *fonte argentine*, dont la matière n'est que de la fonte étamée.

Le cuivre se dépose, par la voie galvanique, avec une facilité extrême, sur le fer, l'acier, le zinc, l'étain, le plomb et les alliages de ces métaux. On a quelquefois recours à un cuivrage voltaïque préalable pour opérer la dorure ou l'argenture voltaïque de certains métaux.

Le meilleur bain pour cuivrer au moyen de la pile, se prépare comme il suit.

On dissout dans l'eau, 2 kilogrammes de sulfate de cuivre, et l'on verse dans cette liqueur, du prussiate jaune de potasse, ce qui donne un précipité de cyanure de cuivre, d'une belle couleur marron. Ce précipité est recueilli et lavé, puis dissous dans de l'eau contenant 5 kilogrammes de cyanure de potassium. On étend d'eau cette liqueur, de manière à obtenir 50 litres de bain. Quand on l'a fait bouillir pendant une heure, ce bain est prêt à fonctionner : il donne un dépôt brillant de cuivre sur le fer, la fonte, le zinc, l'étain et le plomb. Un anode de cuivre est placé au pôle positif, pour remplacer au fur et à mesure, le cuivre déposé. Ce bain s'emploie à froid ou à chaud.

La figure 229 représente la cuve et le bain avec les anodes de cuivre ; employés pour le cuivrage par la pile. A, A, sont les objets à cuivrer, B, B, les anodes de cuivre attachés au pôle positif, S, T, les tringles supportant les pièces plongées dans le bain.

Fig. 229. — Bain de cuivrage par la pile.

On dépose rarement du cuivre à la surface des métaux, car les usages industriels du cuivre pur sont assez limités. Mais l'industrie, comme chacun le sait, fait un très-grand usage d'un alliage de cuivre et de zinc, connu sous le nom de *laiton*. Aussi les chimistes se sont-ils préoccupés de bonne heure, de la possibilité d'obtenir, par la pile, des dépôts de laiton.

Un des principaux mérites, à nos yeux, de M. de Ruolz, c'est d'avoir le premier, trouvé le moyen d'obtenir, par l'électro-chimie, la précipitation des alliages, tels que le bronze et le laiton. On comprenait bien *à priori*, la possibilité de déposer, par la pile, des métaux purs, tels que l'argent, le cuivre ou l'or ; mais la production des alliages par le même moyen, n'était pas une œuvre banale. Aussi la découverte de la production des alliages au moyen de deux dissolutions salines traitées par la pile, par exemple celle du laiton, au moyen d'une dissolution mélangée de sels de cuivre et de zinc, est-elle l'une des inventions les plus remarquables de l'électro-chimie. Elle présentait, en effet, aux points de vue théorique et pratique, de nombreuses difficultés, et son application à l'industrie était d'une haute importance. Quand on est parvenu à couvrir le fer d'une couche de laiton, on réunit à l'économie de l'emploi du fer, l'avantage de le préserver de l'oxydation, et l'on produit, en même temps, un alliage très-justement recherché dans les arts, pour la beauté de sa couleur.

Les procédés découverts par M. de Ruolz, pour la formation électro-chimique du laiton, furent d'abord mis en usage, sous la protection d'un brevet, dans l'usine de M. Bernard. Aujourd'hui, ces procédés sont du domaine public, et le *laitonisage* a pris une grande extension en France comme à l'étranger. On recouvre de laiton, par la pile, une foule d'objets de quincaillerie fabriqués en fer ou en zinc, pour leur donner l'apparence du véritable laiton. Tous les fabricants de sujets de pendules ou autres objets en zinc ou alliages métalliques de peu de valeur, commencent par *laitoniser* ces objets par la pile, avant de leur donner, par une peinture spéciale, la couleur de bronze florentin qu'on leur connaît.

En raison de la grande extension de ces derniers procédés dans l'industrie parisienne, nous donnerons quelques détails sur leur mise en œuvre.

On peut obtenir un dépôt de laiton par la voie voltaïque, en décomposant par la pile un bain de cuivre rouge, préparé au cyanure de cuivre, comme on l'a dit plus haut, et attachant, comme anode, au pôle positif, une lame de zinc. L'anode de zinc se dissout dans le bain, puis se précipite avec le cuivre, en formant du laiton. Toutefois, ce procédé est peu sûr.

Le meilleur bain pour le *laitonisage* s'obtient en ajoutant au bain de cuivre rouge, dont nous venons de donner la composition, un volume égal d'un bain de zinc, ainsi préparé :

Eau	10	kilogr.
Protochlorure de zinc	500	gram.
Cyanure de potassium	1	kilogr.
Carbonate de soude	4	kilogr.

On place au pôle positif, un anode de laiton. Toute la difficulté de l'opération consiste à régler l'intensité du courant voltaïque d'après la surface des pièces à recouvrir de laiton. Si le courant est faible, il décompose le sel de cuivre plus vite que le sel de zinc, et le dépôt tire sur le rouge ; si le courant est trop fort, il agit davantage sur le sel de zinc, et le laiton déposé est pâle. Il importe donc, dans chaque opération, de bien proportionner la quantité de pièces à laitoniser avec l'intensité de la pile.

Les bains pour la formation électro-chimique du laiton, s'emploient à la température ordinaire.

M. Roseleur donne la formule suivante comme applicable à la généralité des cas, c'est-à-dire pour l'application du laiton sur le fer, la fonte, le zinc, etc. On dissout ensemble dans 10 litres d'eau ordinaire, 250 grammes de sulfate de cuivre et 250 à 300 grammes de sulfate de zinc. On ajoute à cette dissolution, 1 kilogramme de carbonate de soude, qui donne un précipité complexe formé de carbonate de cuivre et de carbonate de zinc. On lave plusieurs fois ce précipité par décantation, et on le fait dissoudre dans 10 litres d'eau contenant 1 kilogramme de carbonate de soude et 500 grammes de sulfite de soude, et l'on ajoute enfin du cyanure de potassium en quantité suffisante pour que tout reste dissous[25].

Les bains de *laitonisage à froid* se placent dans de grandes cuves de bois, doublées, à l'intérieur, d'une feuille de gutta-percha. Ce sont les mêmes cuves que nous avons déjà représentées en parlant de l'argenture voltaïque (fig. 224).

Les objets à couvrir de laiton sont suspendus, au moyen de crochets de cuivre, à la galerie qui règne le long des bords de cette cuve, et qui est en rapport avec le pôle négatif de la pile. Le long des parois de la cuve, on place les feuilles de laiton destinées à servir d'anodes, lesquelles s'attachent, par un point quelconque de leur surface, à la seconde galerie de cuivre, placée également le long des bords de la cuve, et qui est en rapport avec le pôle positif de la pile.

Le *laitonisage à chaud* est rarement employé ; cependant on se trouve mieux d'opérer à chaud quand il s'agit de couvrir de laiton les fils de fer ou de zinc.

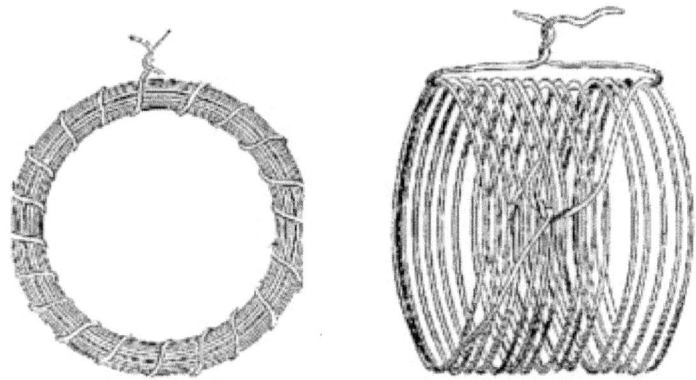

Fig. 230 — Fils de fer en bottes. Fig. 231.

Voici comment on opère pour couvrir de laiton, par la pile, des fils de fer ou de zinc. Dans le commerce, on trouve ces fils en bottes liées entre elles par un fil qui rapproche leurs contours, comme le représente la figure 230. On commence par délier ces fils, en les disposant comme le représente la figure 231. Ensuite, on attache ensemble les deux bouts qui représentent le commencement et la fin de cette continuité de fils. On décape au moyen d'acide sulfurique faible cette botte déliée, puis on la suspend à une cheville de bois recourbée (*fig.* 232), fixée dans le mur, sur laquelle on peut la faire tourner aisément, et on la frotte avec une brosse rude et du sable mouillé.

Ainsi préparée, la botte de fils de fer est portée, d'abord dans un bain de cuivre rouge, pour y faire déposer une pellicule de cuivre pur. Ce n'est qu'après ce cuivrage qu'on la place dans le bain de *laitonisage à chaud*.

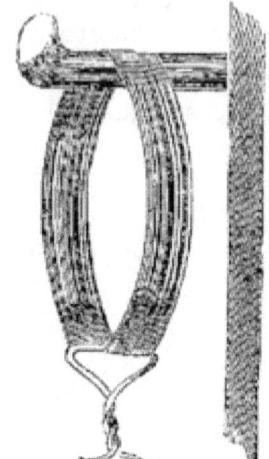

Fig. 232.

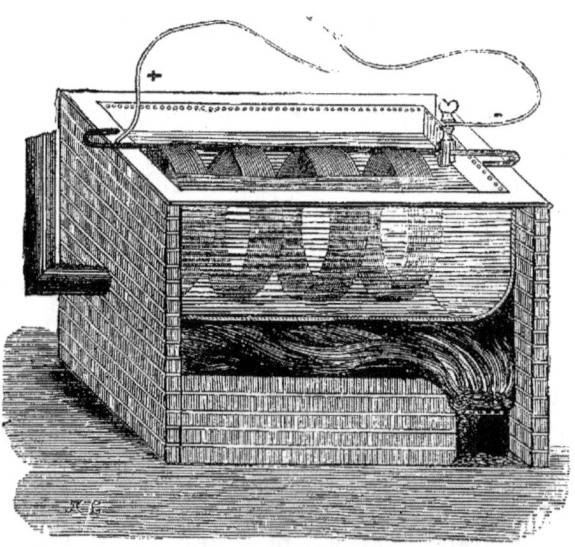

Fig. 233. — Bain pour le dépôt électro-chimique du laiton sur des fils de fer.

Ce bain est disposé dans une grande cuve de fer chauffée par un petit fourneau (*fig.* 233). Les parois de cette cuve sont tapissées de feuilles de laiton, qui servent d'anode, et qui sont attachées au pôle positif de la batterie voltaïque. Le pôle négatif de la même batterie est en rapport, au moyen d'un crochet de métal, avec une forte tringle de cuivre, qui porte sur les deux rebords et que l'on isole de la cuve de fer, en terminant ses deux extrémités, aux points A et B, par deux manchons de caoutchouc, excellent isolateur électrique, afin que l'électricité ne se perde pas dans le sol, par l'intermédiaire des parois métalliques de la cuve. On enfile sur cette tringle, les bottes de fils de fer, en les passant par une des extrémités de la tringle, qu'on soulève à cet effet.

Dans cette position, une partie seulement de la botte de fils se couvre de laiton. Pour la *laitoniser* partout d'une manière uniforme, il suffit de lui imprimer de temps en temps un quart de révolution, ce qui amène successivement toutes ses parties dans le bain. Quand les fils sont entièrement recouverts de laiton, on les lave et on les sèche à la sciure de bois, puis à l'étuve. Enfin, on les passe à la filière pour leur donner le beau poli du fil de véritable laiton.

C'est ainsi que se préparent tous les fils destinés à la passementerie fausse, et qui sont vendus sous le nom d'*or faux* ou *de trait*. Les mêmes fils ainsi laitonisés étant argentés ou dorés par la pile, donnent ces fils qui sont d'un si grand usage pour la passementerie fine, les épaulettes, etc., etc.

CHAPITRE XIII

CUIVRAGE DE LA FONTE À GRANDE ÉPAISSEUR, PAR L'INTERMÉDIAIRE D'UN ENDUIT CONDUCTEUR. — PROCÉDÉS DE M. OUDRY. — L'USINE ÉLECTRO-CHIMIQUE D'AUTEUIL. — EMPLOI DU PROCÉDÉ ÉLECTRO-CHIMIQUE POUR LE CUIVRAGE À FORTE ÉPAISSEUR DES OBJETS ET MONUMENTS DE FONTE DE LA VILLE DE PARIS. — APPLICATION DU MÊME PROCÉDÉ AU REVÊTEMENT MÉTALLIQUE DE LA CARCASSE DES NAVIRES. — EXPÉRIENCES FAITES À TOULON, EN 1867, POUR LE CUIVRAGE DES PLAQUES DE BLINDAGE DES NAVIRES CUIRASSÉS. — LA MÉDAILLE ET LE VAISSEAU.

Pour terminer l'examen des procédés de cuivrage électro-chimique, et pour mettre fin également à cette notice sur les dé-pôts électro-chimiques, nous parlerons des procédés industriels qui servent à recouvrir de cuivre, à forte épaisseur, la fonte et le fer. Ces procédés sont mis en usage aujourd'hui sur une grande échelle, dans l'usine électrochimique de M. Oudry, à Auteuil.

Pour préserver le fer et la fonte contre l'oxydation, qui, dans un lieu humide quelconque, les détruit rapidement, on a générale-ment recours à de grosses peintures et à des vernis. C'est ainsi que les balcons de fonte des maisons et les statues de fonte décoratives, sont recouverts d'une peinture couleur de bronze, puis d'un vernis, pour les défendre de la rouille. Mais ce n'est là qu'un palliatif insuf-fisant et de peu de durée ; car, par l'action de l'air, de l'humidité, du soleil, de la gelée, des orages, etc., toutes les peintures sont prompte-ment altérées. La peinture couleur de bronze, nommée *bronzine*, qui est souvent employée pour donner à des objets artistiques en fonte ou en fer, statues, vases, candélabres, grilles, etc., l'aspect du bronze, n'existe qu'à la surface, et d'ailleurs n'imite que très-impar-faitement le véritable bronze. Elle est, en outre, rapidement altérée par les intempéries de l'air.

Que voit-on, en effet, sur les monuments métalliques que l'on a voulu préserver par de tels palliatifs, sur les statues de fonte, ou les candélabres décoratifs ? Toutes les figures et les ornements sont enfouis sous une couche épaisse de peinture, de rouille, de pous-sière ; et pour les fontaines publiques, ces ornements sont envelop-pés de dépôts calcaires laissés par les eaux, et qui adhèrent forte-ment à la peinture.

On a eu l'idée, pour préserver le fer de l'oxydation, quand il doit être exposé à l'action constante de l'air et de l'eau, de le revêtir, par la pile, d'une forte couche de cuivre, et de donner ensuite au cuivre, par une légère modification de sa couleur naturelle, l'aspect du bronze.

C'était là un excellent moyen. En effet, le cuivre pur, s'il n'a pas l'admirable passivité de l'or, de l'argent et du platine, contre les influences atmosphériques, résiste pourtant très-longtemps à ce genre d'actions. Les monnaies de cuivre pur, les instruments de cuivre pour l'usage domestique, les armes, les statuettes, qui remplissent nos musées et nos collections archéologiques, témoignent assez que le cuivre peut traverser les siècles, quand il ne doit combattre que les influences de l'air et de l'eau. En outre, le cuivre exposé à l'air, prend, avec le temps, des tons fort beaux et vraiment artistiques. Enfin, ce métal est fort dur et d'une grande ténacité. Pour toutes ces raisons, un revêtement de cuivre donné aux objets de fonte qui doivent être exposés à l'air, est un excellent moyen de protection.

Mais comment revêtir, à peu de frais, le fer ou la fonte, d'une couche de cuivre assez épaisse pour donner toutes garanties de durée ? Un dépôt électro-chimique par la pile peut-il fournir avec économie ce dépôt, épais et résistant ?

Telle est la question qu'il fallait se poser, et telle fut aussi la question que se posa M. Léopold Oudry, propriétaire d'une usine électro-chimique à Paris, lorsque, en 1854, il eut à faire des essais pour le cuivrage de plusieurs pièces de fonte d'une certaine dimension.

M. Oudry réussit à cuivrer solidement et promptement de petites pièces, au moyen du décapage du métal dans un acide, et de deux bains consécutifs de cuivre déposé par la pile. Il voulut alors appliquer le même moyen au cuivrage voltaïque de grandes pièces en fonte et en fer, qui exigeaient une couche de cuivre d'une forte épaisseur. Mais après des années employées en essais de toute sorte, il se vit forcé de renoncer à tout espoir de réussir dans cette voie.

Quelques considérations chimiques feront comprendre toute la difficulté que présente le cuivrage de la fonte à grande épaisseur dans un bain voltaïque, avec le procédé que nous avons décrit dans les pages qui précèdent, et qui est suivi partout.

Le cuivrage voltaïque d'objets de petites dimensions, non exposés à l'humidité ou à d'autres causes d'altération, est facile et peu dispendieux. Il suffit de décaper la fonte ou le fer dans de l'eau plus ou moins acidulée ; de faire ensuite dégorger les objets dans de l'eau légèrement alcaline ou dans de l'eau de chaux, puis de les placer dans un bain de cyanure double de potassium et de cuivre. À l'aide de la pile voltaïque, on les recouvre rapidement d'une pellicule de cuivre, qui est très-adhérente, après le gratte-bossage.

Mais lorsqu'il s'agit de cuivrer solidement des pièces en fer ou en fonte, qui doivent être exposées à l'oxydation, et qui présentent une grande surface, et en même temps beaucoup de creux et de reliefs, comme des statues, des vases, des candélabres, des vasques pour fontaines publiques ; ou bien encore, des pièces composées de plusieurs parties assemblées au moyen de vis, de rivets ou de boulons, et qui doivent être exposées soit à des frottements, comme les pistons, les hélices, les plaques de blindage, etc., soit à de fortes pressions, comme les rouleaux d'impression sur étoffes, et autres pièces analogues, un cuivrage superficiel ne pourrait suffire à les protéger. Il faut, de toute nécessité, un cuivrage à forte épaisseur.

Pour obtenir cette forte épaisseur de cuivre, il est indispensable de transporter ces pièces du premier bain de sulfate de cuivre dans un second, et de les y laisser séjourner pendant plusieurs jours, souvent même pendant plusieurs semaines, c'est-à-dire jusqu'à ce que le dépôt de cuivre ait acquis le degré d'épaisseur voulue. C'est une véritable opération de galvanoplastie, et non de cuivrage superficiel, qu'il faut exécuter.

Cette nouvelle opération est la pierre d'achoppement de tous les systèmes de cuivrage. Car, sauf de très-rares exceptions, il n'est pas possible de cuivrer solidement, *au moyen du décapage et de deux bains successifs*, des pièces qui sont composées de plusieurs parties assemblées, ou des œuvres d'art de grandes dimensions, telles que des statues, des vasques, des vases, des candélabres, etc.

La fonte est, en effet, un produit très-complexe, renfermant, outre le carbone et le fer, beaucoup de corps étrangers, tels que l'alumine, le soufre, le phosphore, la silice, le manganèse, etc. Ces matières étrangères, le soufre surtout, sont la cause de nombreuses soufflures ou piqûres dans la substance du métal. L'excès de carbone lui-même augmente la porosité de la fonte, et rend ainsi le décapage presque toujours imparfait sur de grandes pièces.

Or, une pièce en fonte, insuffisamment décapée, est par cela même mal préparée à recevoir la pellicule de cuivre du premier bain. Elle sera infailliblement attaquée ou corrodée, quand, du premier bain, elle passera dans le second, qui est acide, et où elle devra séjourner longtemps. Que faire alors ? La retirer du bain dès qu'on s'aperçoit qu'elle est attaquée, la décaper de nouveau et avec plus de soin encore, et recommencer ensuite, souvent plusieurs fois avec le même insuccès, les mêmes opérations galvaniques que précédemment. Mais l'acide, une fois qu'il a pénétré jusqu'au métal, l'a attaqué, et a compromis ainsi l'adhérence du cuivre qui doit plus tard se précipiter sur sa surface.

De la justesse de ces considérations chimiques, M. Oudry eut, malheureusement pour lui, l'occasion de se convaincre d'une indubitable façon. Une expérience chèrement acquise fixa à jamais son opinion à cet égard. Il avait accepté d'opérer le cuivrage de trois cheminées de fonte, dont le revêtement de cuivre aurait été payé 500 francs à peine. Or, il dépensa finalement, pour essayer d'y parvenir par des décapages et des dépôts voltaïques successifs de cuivre, six mois de travail et 17 000 francs de déboursés. De guerre lasse, il dut rendre ces cheminées non cuivrées et à moitié corrodées.

Quatre grandes chaudières en fonte, destinées à la fabrication de l'acide, pyroligneux, furent traitées inutilement par M. Oudry, pendant plus de huit mois. Chaque fois que ces chaudières passaient du premier bain au second, pour y recevoir une nouvelle couche de cuivre de plusieurs millimètres d'épaisseur, la fonte, insuffisamment préservée par la pellicule de cuivre du premier bain, était toujours attaquée çà et là. Et comme il suffit de quelques points attaqués pour rendre une opération mauvaise, il fallait sans cesse retirer ces pièces des bains, et recommencer toutes les opérations, sans parvenir au but proposé. M. Oudry se vit donc forcé de rendre ces chaudières non cuivrées, et, en revanche, mises dans le plus triste état.

Il en fut malheureusement de même, pendant longtemps encore, pour des statues, des vases, des balcons, d'autres grandes chaudières de fonte et quantité d'autres pièces de fonte ou de fer, qui lui étaient envoyées pour être soumises au cuivrage à forte épaisseur.

M. Oudry comprit à la fin qu'il faisait fausse route. Renonçant donc à cuivrer les fontes par le décapage et les bains voltaïques, il se mit à chercher un autre moyen d'obtenir, d'une manière industrielle et pratique, des dépôts de cuivre à grande épaisseur sur le fer et la fonte.

L'idée lui vint alors d'un système de cuivrage tout différent. La principale cause de son insuccès, sur la fonte surtout, provenait du décapage, qu'on ne peut opérer que par l'emploi des acides. Il fallait donc couper le mal à sa racine, en évitant le décapage ; puis, faire en sorte de trouver une économie assez sensible, par la suppression du premier bain voltaïque, et arriver enfin à des opérations sûres, pratiques et industrielles.

Comment obtenir ces résultats ? En recouvrant la fonte et le fer (préalablement nettoyés par la voie sèche, c'est-à-dire sans acide) d'une ou de plusieurs couches d'un enduit, lequel devait tout à la fois préserver le métal, et, étant rendu conducteur de l'électricité au moyen de la plombagine, permettre de cuivrer, sans danger, le fer, dans un bain saturé de sulfate de cuivre, et par conséquent, acide.

L'idée théorique était trouvée ; mais il restait à créer le moyen pratique, c'est-à-dire la composition d'un enduit qui fût tout à la fois adhérent à la fonte, et adhérent aussi au cuivre dont on le couvrait dans le bain voltaïque.

M. Oudry employa deux ans à chercher ce bienheureux enduit. Il finit par composer, au moyen de la benzine, une sorte de vernis ayant toutes les qualités requises, c'est-à-dire assez fluide pour s'appliquer facilement et sécher promptement, capable, en outre, de retenir le cuivre déposé à sa surface et de faire corps avec lui.

L'invention de M. Oudry, tout excellente qu'elle fût, aurait mis un temps considérable à faire son chemin dans le monde, si cet insaisissable concours de circonstances que nous appelons le bonheur, et qui préside aux destinées des inventions comme à celles des hommes, n'était venu un jour le favoriser d'un sourire.

Dans cette rénovation magique à laquelle la ville de Paris était alors soumise, on avait décidé d'orner les places publiques et les promenades, de diverses pièces monumentales de fonte, telles que fontaines, candélabres à gaz, poteaux indicateurs des routes, etc. Mais il fallait préserver de toute altération ces pièces métalliques, exposées nécessairement aux influences atmosphériques, tout en leur donnant cette couleur de bronze consacrée par le goût et par l'usage. Un ingénieur de la ville, M. Darcel, était au courant des nouveaux procédés de cuivrage industriel par la pile, que venait d'imaginer M. Oudry. Il les communiqua à M. Alphand.

M. Alphand n'est pas seulement ingénieur en chef des ponts-et-chaussées de la ville de Paris, directeur de la voie publique et des promenades ; il est encore un artiste plein d'imagination et de goût, comme l'ont prouvé suffisamment la transformation du bois de Boulogne, les paysages des Buttes-Chaumont, la féerique place du roi de Rome, au Trocadéro, etc. Quand il eut connaissance des procédés de M. Oudry, M. Alphand se hâta de les soumettre au Préfet de la Seine. M. Haussmann comprit rapidement tout le parti qu'on pourrait tirer de ce système nouveau, pour l'embellissement et la conservation des fontaines monumentales et des candélabres publics.

Une commission de douze membres, choisie dans le Conseil municipal, fut chargée d'une enquête sur la valeur des procédés découverts et de leurs applications. À la suite de cette enquête, le Conseil municipal, sur le rapport de M. Pelouze, membre de l'Académie des sciences, émit un vote favorable, et M. Oudry obtint la commande du cuivrage galvanique de tous les objets et monuments de fonte de la ville de Paris.

M. Oudry donna alors un grand développement à son industrie. Il établit à Auteuil son usine électro-chimique, dans laquelle furent exécutées successivement les commandes faites par la ville de Paris.

En 1856, on confiait à M, Oudry l'exécution des poteaux indicateurs du bois de Boulogne ; en 1857, la fontaine de Vénus, aux Champs-Elysées, et en 1858, la fontaine de Diane. En 1859, M. Oudry cuivrait l'élégante fontaine de la place Louvois, ainsi que plusieurs grands candélabres du rond-point, de l'Arc de triomphe de l'Étoile. En 1860, il cuivrait les fontaines des Quatre-Saisons dans les massifs des Champs-Elysées, et il terminait les 140 grands candélabres qui entourent l'Arc de triomphe de l'Étoile.

En 1861, il exécuta un véritable tour de force, le revêtement des deux fontaines de la place de la Concorde, ces vasques énormes, ces statues, plus grandes que nature, qui suffisent à prouver ce que peut accomplir le cuivrage électro-chimique. Plus tard, M. Oudry complétait la décoration de la place de la Concorde, par le cuivrage de ses 20 colonnes rostrales et des 276 grands candélabres, tant de cette place que de l'avenue principale des Champs-Elysées. Enfin il exécutait le cuivrage de tous les nouveaux candélabres dont se compose l'éclairage actuel de Paris.

Fig. 234. — Atelier des bains pour le cuivrage électro-chimique de la fonte et du fer, dans l'usine électro-métallurgique de M. Oudry.

L'usine de M. Oudry a été également chargée de la reproduction, par là galvanoplastie, de plusieurs groupes décoratifs, destinés au nouvel Opéra, et de la fourniture complète, fonte, ajustage et cuivrage, de toutes les pièces d'ornement destinées aux fenêtres et arcades du même monument.

Nous allons donner la description du procédé qui sert, dans les ateliers de M. Oudry, à déposer le cuivre à forte épaisseur. On va voir que cette opération tient le milieu entre la galvanoplastie et le cuivrage, et mérite ainsi la place particulière que nous lui avons donnée à la fin de cette notice. Nous prendrons pour exemple le cuivrage d'un des candélabres à gaz de la ville de Paris, dont M. Oudry a fourni le modèle pour la ciselure et le dessin, et dont il a déjà cuivré plus de quinze mille exemplaires.

Louis Figuier

Ces candélabres se composent de deux parties : un piédestal, dans lequel se trouve la petite porte qui donne accès au robinet, et une colonne, qui renferme le tuyau de gaz et aboutit à la lanterne. Ces deux pièces, le piédestal et la colonne, de la longueur d'environ un mètre et demi chacune, sont cuivrées dans un bain séparé.

On commence par couvrir chaque pièce, d'enduit à la benzine, qui sèche très-vite et dont on applique trois couches. Sur la dernière couche, on étale, avec un pinceau, de la plombagine, pour rendre sa surface conductrice, ainsi qu'on le fait pour les opérations de la galvanoplastie. Alors on bouche les deux ouvertures du haut et du bas du piédestal, avec une pâte terreuse, non conductrice de l'électricité, pour que le bain ne pénètre pas à l'intérieur de la cavité, et ne dépose point de cuivre dans ces parties non apparentes ; et l'on porte la pièce dans le bain de sulfate de cuivre.

Ce bain (fig. 235), placé dans une cuve de bois reposant sur le sol, est un véritable *appareil simple*, en tout semblable à celui que nous avons décrit pour les opérations de la galvanoplastie ; ce qui veut dire que la pile voltaïque est placée dans le bain même. Les godets de porcelaine dégourdie, ou diaphragmes poreux, contenant l'acide sulfurique et le zinc, sont placés dans la dissolution même du sulfate de cuivre, de sorte que ce système, ainsi que l'*appareil simple* de la galvanoplastie, peut être considéré comme une pile de Daniell, dans laquelle l'auget contenant la dissolution de sulfate de cuivre, serait considérablement agrandi.

Dans de petites boîtes de bois, dont toutes les parties sont à claire-voie, et que l'on dispose au-dessus du liquide, dans lequel ils trempent en partie, sont des cristaux de sulfate de cuivre : ces cristaux se dissolvant dans l'eau du bain, le maintiennent à l'état de saturation, au fur et à mesure que la liqueur s'appauvrit en cuivre, par le dépôt voltaïque.

Un nombre convenable de vases poreux ou diaphragmes de porcelaine contenant l'acide sulfurique et le zinc, sont rangés tout le long et à peu de distance de la pièce à cuivrer.

Les godets poreux de porcelaine ainsi placés en ligne, agissent parfaitement sur les parties droites du candélabre. Mais la gorge de la colonne et du piédestal, sont des parties courbes, qui se couvriraient inégalement, si l'on se servait de godets ordinaires. Pour cuivrer ces parties saillantes, M. Oudry remplace les godets de porcelaine par des vessies de bœuf, ou de porc, contenant de l'acide sulfurique étendu et un morceau de zinc. Ces vessies se moulent facilement, à peu de distance des parties concaves ou convexes de la pièce, et elles jouissent, aussi bien que les godets de porcelaine, de la propriété d'*endosmose*, c'est-à-dire de la perméabilité au gaz hydrogène, nécessaire au jeu de l'appareil. M. Oudry usa 140 000 de ces vessies, quand il eut à cuivrer les fontaines, les candélabres et les colonnes rostrales de la place de la Concorde.

Fig. 235. — Bain pour le cuivrage électro-chimique d'un candélabre de fonte dans l'usine de M. Oudry.

Pour que le dépôt de cuivre soit égal sur toutes les parties, il faut tourner, de temps en temps, chaque pièce, de manière à lui faire exécuter un quart de révolution.

En quatre jours en été et en six jours en hiver, le dépôt de cuivre a acquis l'épaisseur de 1 millimètre, qui est jugée nécessaire. On retire alors les pièces du bain. Elles présentent, en ce moment, le magnifique ton rose de cuivre pur qui est d'un effet si agréable à l'œil, mais qui est, malheureusement, si éphémère.

Louis Figuier

Tout serait terminé, si le cuivre pouvait conserver à l'air ce joli ton rose ; malheureusement il n'en est pas ainsi, et l'oxydation ne tarde pas à brunir, à noircir cette vive couleur. Il faut donc donner au cuivre précipité la coloration du bronze.

Pour cela, après avoir décapé les pièces avec une eau faiblement acidulée par l'acide azotique, et les avoir frottées avec du papier de verre, pour enlever au cuivre son apparence mate et terne, on passe sur le métal, au moyen d'une brosse, une liqueur, composée d'ammoniaque et d'acétate de cuivre, qui attaque légèrement le métal, le verdit partiellement, et lui donne les jeux de couleur du bronze florentin.

Les pièces sont alors terminées[26]. Il ne reste plus qu'à rapprocher les deux parties, pour avoir un de ces jolis candélabres à gaz qui existent dans toutes les rues de la capitale.

En tout cela c'est l'enduit intermédiaire qui joue le rôle fondamental, et c'est précisément le mérite de M. Oudry, d'avoir imaginé l'interposition de cette matière étrangère entre le métal à cuivrer et le cuivre déposé. L'utilité de cette interposition, l'impossibilité d'opérer des cuivrages dans des bains acides, ressortent déjà avec évidence, des inutiles tentatives auxquelles s'était livré si longtemps M. Oudry, mais une anecdote que nous trouvons dans l'ouvrage de M. Turgan, *les Grandes Usines*[27], donne à cette vérité une forme plus saisissante. Comme ce récit amusera nos lecteurs, nous laisserons la parole à M. Oudry :

« J'adressai, un jour, à l'Académie des sciences, dit M. Oudry, une respectueuse demande, à l'effet d'obtenir une commission d'examen et un rapport sur mon industrie. À l'appui de ma demande j'exposai dans la salle qui précède celle des séances, une grande variété de pièces en fer et en fonte, cuivrées avec épaisseur, surtout des pièces pour la marine et l'industrie ; mais j'en fus pour ma peine, car l'Académie nomma une commission sans qu'un seul de ses membres eût jeté le moindre coup d'œil sur mes spécimens. Je fus, je l'avoue, quelque peu mortifié de ma déconvenue, mais j'espérai qu'à leur sortie, quelques illustres savants daigneraient abaisser leurs regards sur ces chétifs travaux, qui, cependant, m'avaient déjà coûté tant de veilles, de sacrifices et d'angoisses. Il n'en fut rien.

Quelques jours après, j'eus l'honneur de recevoir dans ma très-modeste usine de la rue Cuissard, la visite des honorables membres de la commission de l'Académie et de leur faire voir en détail les diverses opérations qui précèdent, accompagnent et suivent le cuivrage galvanique du fer et de la fonte.

Pendant l'examen de ses collègues, le rapporteur de cette commission, un illustre professeur, me prenant à part, me demande, d'un ton très-sérieux, à quoi servent mes enduits. Je le regarde avec étonnement.

« Mais ces enduits, lui dis-je, c'est la base de mes opérations ; sans eux, il me serait impossible de cuivrer dans des bains saturés de sulfate de cuivre, et, par conséquent, très-acides, sans ces enduits protecteurs, ces objets en fer et en fonte, que vous voyez, y seraient détruits.

— Votre explication, répliqua-t-il en souriant, est bonne pour le commun des martyrs, mais vous n'avez pas, sans doute, la prétention de me la faire prendre au sérieux ? Entre nous, cher monsieur, je puis vous le dire, vos enduits ne servent à rien, c'est du charlatanisme, de la poudre de perlimpinpin. Vous savez comme moi qu'il suffit de métalliser avec soin, au moyen du graphite, une pièce quelconque de fer ou de fonte et de la mettre ensuite en contact dans votre bain avec un courant galvanique pour qu'elle soit bientôt recouverte d'une couche adhérente de cuivre. »

De plus en plus surpris, je cherche à deviner si l'illustre académicien ne se moque pas de moi ; mais non, c'est très-sérieusement qu'il me parle ainsi.

« Ce procédé de cuivrage, ajouta-t-il, est décrit, tout au long, dans tous les traités de physique, et je m'étonne que vous paraissiez ne pas le connaître.

— J'avoue mon ignorance, lui dis-je en m'inclinant avec respect, mais permettez-moi de douter de l'efficacité d'un tel procédé ; au surplus, il nous est facile de l'expérimenter sur l'heure. »

Et, de suite, sans avoir égard aux protestations de l'illustre rapporteur, qui ne peut disposer du temps nécessaire à cette opération, attendu que le même jour, à midi, il y a une séance solennelle des cinq Académies, je demande deux pièces de fonte brute, de la plombagine, des brosses et des pinceaux, et me voilà frottant, astiquant ces pièces qui, bientôt, prennent un noir brillant des plus agréables à l'œil. Pendant ce temps, les autres membres de la commission se sont rapprochés et suivent avec intérêt cette expérience, M. le rapporteur, sans pitié pour mon ignorance, explique à ces messieurs le mauvais tour que j'ai voulu lui jouer et la leçon qu'il va me donner. Chacun sourit, moi-même aussi, et, bientôt, les pièces convenablement préparées, sont soumises (dans un bain de sulfate de cuivre) au courant galvanique. Au bout de quelques minutes, M. le rapporteur soulève hors de l'eau l'une des pièces et, d'un ton triomphant, la fait voir à l'assemblée. Cette pièce est, en effet, partout recouverte d'une couche d'un très-beau cuivre rose. !

« De grâce, monsieur, un peu de patience, lui dis-je, poursuivons l'expérience, et si, dans dix minutes au plus, ce cuivre, qui maintenant brille d'un si vif éclat, n'est pas terne et brunâtre, si ses molécules ne se désagrègent pas, rien qu'en passant le doigt sur leur surface, et si, sous ce cuivre, la fonte n'est pas attaquée et ne présente pas au toucher, une boue noirâtre, alors je m'avoue vaincu. »

L'opération continue donc, et dix minutes après, les deux pièces retirées du bain n'offrent plus à l'œil qu'un mélange informe de boue de cuivre et de fonte décomposée.

Pour toute vengeance, je dis en souriant à M. le rapporteur, fort désappointé, que mille expériences du même genre donneraient infailliblement les mêmes résultats. Mais l'illustre professeur répond que l'opération a été mal faite, et reste convaincu de l'efficacité de ses procédés. Là-dessus, Messieurs de la commission me quittent, et depuis je n'ai jamais entendu parler du rapport, ni revu le rapporteur. En revanche, à chaque édition nouvelle de son *Traité de Physique* il reproduit, touchant le cuivrage de la fonte et du fer avec grande épaisseur, invariablement les mêmes erreurs ; c'est-à-dire, qu'il suffit pour cuivrer avec épaisseur la fonte et le fer de les plombaginer avec soin avant de les soumettre au courant électrique dans des bains saturés de sulfate de cuivre. J'avoue que ce procédé a sur les miens un mérite incontestable, celui d'une extrême simplicité d'exécution. Chacun sait que la fonte, le fer, le zinc, etc., peuvent être cuivrés sans le secours de mes enduits, en employant les décapages et les bains aux cyanures de cuivre et de potassium, etc. Mais ces procédés qui, depuis longtemps déjà, sont dans le domaine public, ne peuvent donner à ces métaux qu'une

couche de cuivre excessivement mince et conséquemment insuffi-
sante pour les préserver de l'oxydation. Loin d'être pour les métaux
sous-jacents une garantie de durée, ce mode de cuivrage est une
cause certaine, infaillible, d'une destruction beaucoup plus rapide,
attendu qu'il s'établit de suite à l'humidité une action galvanique
entre le métal sous-jacent et le métal déposé. »

Il est de toute évidence que les procédés de cuivrage à forte épaisseur, par l'intermédiaire d'un enduit appliqué sur le fer ou la fonte,
peuvent s'appliquer aux objets de toute dimension. Les grands instruments de chaudronnerie pourraient être ainsi fabriqués, et rien
n'empêcherait de remplacer par la fonte cuivrée, de vastes appareils
que l'on hésite à fabriquer en raison de la rigidité et de la cherté
du cuivre. Il suffirait, pour obtenir des pièces de fonte cuivrée de
grand volume, de prendre des bains d'une dimension suffisante.
Comme les cuves de bois qui servent à contenir les dissolutions
de sulfate de cuivre ne pourraient dépasser certaines limites, sans
se rompre sous le poids du liquide, on creuserait dans le sol des
fosses, qui pourraient recevoir des pièces de toutes grandeurs.

Puisqu'on peut aller du petit au grand, et du grand à l'immense, il
ne serait pas impossible de revêtir la carcasse entière d'un navire,
de *fonte cuivrée*, pour remplacer les lames de cuivre dont on enveloppe les navires. En effet, le cuivre déposé par la pile est d'une
pureté absolue : il pourrait donc servir avec tout avantage, à remplacer la doublure de cuivre de nos navires.

M. Oudry avait présenté à l'Exposition de 1855, un modèle de
bâtiment, dont la coque de fer avait été revêtue d'une couche de
cuivre. On peut affirmer qu'un jour viendra, où, pour armer la carcasse de bois d'un navire de son revêtement protecteur de cuivre,
on le garnira, à l'extérieur, de simples plaques de fonte, puis on le
fera entrer tout entier, dans un bassin contenant une dissolution de
sulfate de cuivre, et l'on opérera son doublage de cuivre par l'électricité.

Cette œuvre gigantesque ne présente, en effet, rien d'impossible.
Un dépôt métallique peut être obtenu, tout aussi facilement et
dans le même temps, sur un grand navire, que sur une planche de
mètre carré de superficie.

S'il fallait donc recouvrir de cuivre l'enveloppe extérieure d'un bâtiment, voici par quels moyens on y parviendrait. On commencerait par construire sur un fleuve ou sur une rivière navigable, à proximité de la mer, un bassin parfaitement *étanche*, capable de contenir un ou plusieurs navires. Le navire étant introduit dans ce bassin, l'eau en serait épuisée, à l'aide d'une machine à vapeur. Le navire étant sur cale, on le recouvrirait de plaques de fonte. Ensuite, à l'aide de la même machine à vapeur, on remplirait le bassin d'une dissolution saturée de sulfate de cuivre, tenue en réserve dans un bassin voisin, et les opérations que nous avons décrites, suivraient leur cours. On déposerait ainsi à la surface de la fonte, une couche continue de cuivre pur. On évacuerait alors le liquide, afin de reconnaître les places mal recouvertes de cuivre, et on les revêtirait de nouveau de plombagine avec le plus grand soin. On ferait alors rentrer la dissolution de sulfate de cuivre et l'opération s'achèverait. Une fois tout terminé, on rejetterait dans le réservoir le bain de sulfate de cuivre, et l'on appellerait l'eau du canal ou du fleuve destinée à remettre le navire à flot.

Les dépenses qu'entraînerait le dépôt électro-chimique du cuivre, ne sont pas extrêmement élevées. L'augmentation de prix sur les procédés employés dans les chantiers actuels, varierait du tiers à la moitié, selon la superficie du navire et l'épaisseur à donner au métal. Or, d'après M. Oudry, la durée du doublage en cuivre voltaïque est trois à quatre fois supérieure à celle qui résulte du système ordinaire. On trouverait encore dans l'emploi de ce moyen, divers avantages, tels que l'économie du temps que chaque navire doit consacrer, tous les deux ou trois ans, à son redoublage, une protection plus efficace du carénage et du calfatage, les voies d'eau évitées, etc.

Cette opération n'est plus du reste, aujourd'hui, à l'état de simple projet. Le journal *le Toulonais* nous a appris, au mois de juillet 1867, qu'un industriel de Lyon, M. Bernabi, a soumis au cuivrage à forte épaisseur, des échantillons de plaques de fer de nos navires blindés, ainsi que des clous, boulons, etc., et qu'il propose de préserver ainsi de toute altération chimique le doublage métallique de nos navires. Une commission nommée par le Ministre de la marine, a soumis à diverses expériences, dans le port de Toulon, des plaques de fer ainsi revêtues de cuivre, et ces expériences ont donné les meilleurs résultats. Cette commission a constaté la parfaite adhérence des deux métaux. Elle a reconnu qu'une plaque de fer ainsi cuivrée, peut être martelée, déformée, sans que jamais le cuivre s'en détache. Elle a constaté, en outre, que six mois d'immersion dans l'eau de mer, de ces plaques de fer cuivrées, n'ont aucunement altéré le cuivre ni le fer ainsi protégé, et que nulle action électro-chimique ne s'établit entre les deux métaux, pour provoquer l'oxydation de l'un ou de l'autre. En conséquence, d'après le *Toulonais*, la commission a proposé au Ministre de la marine, d'appliquer ce mode de cuivrage aux plaques d'une corvette cuirassée, actuellement en construction dans le port de Toulon, et d'établir, à cet effet, dans les chantiers, un atelier de cuivrage électro-chimique.

Ainsi marchent, ainsi s'avancent d'un pas lent, mais toujours sûr, dans la route du progrès, les inventions scientifiques de notre siècle. Après un début modeste, grâce à des perfectionnements successifs, elles finissent par atteindre à des proportions inouïes. On commence par imiter une médaille, on finit par envelopper un vaisseau.

Faisons remarquer, en terminant, que, par la modestie de ses débuts, comparée à l'éclat de ses triomphes, la galvanoplastie contraste singulièrement avec d'autres créations de notre époque, qui, trop exaltées à leur origine, n'ont point répondu à des espérances prématurément conçues, et qui, après avoir commencé par promettre le vaisseau, n'ont enfanté que la médaille.

NOTES

1.   Tome Ier, page 686.

2.   M. Jacobi, qui a fait un long séjour à Paris pendant l'Exposition universelle de 1867, a bien voulu nous montrer ce fragment de métal, pièce vraiment historique et que l'on ne peut s'empêcher d'examiner avec un religieux intérêt.

3.   M. Jacobi est né en Prusse, mais il est naturalisé russe.

4.   Il est bien entendu qu'il s'agit ici de galvanoplastie ; car, comme on le verra plus loin, on ne fait usage pour la dorure et l'argenture voltaïques, que de piles séparées du bain.

5.   Manipulations hydroplastiques. Guide pratique du doreur, de l'argenteur et du galvanoplaste, par Roseleur, 2e édition, p. 323.

Louis Figuier

6.   Manipulations hydroplastiques, 2e édition, p. 384.

7.   Conférence sur les origines et les progrès de la galvanoplastie, faite dans la salle de la Société et d'encouragement, par M. H. Bouilhet, le 7 mars 1866.

8.   Nous pensons qu'à ce propos le lecteur trouvera ici avec plaisir l'extrait suivant d'une lettre de M. Hulot adressée à M. Speiser, de Bâle. Cette lettre renferme de curieux et intéressants détails sur les procédés qui ont servi à la confection des clichés des timbres-poste, et sur les qualités spéciales que l'artiste a su donner aux timbres-poste français dans le but d'en prévenir la contrefaçon.

Extrait d'une lettre adressée le 25 septembre 1851 par M. Hulot à M. Speiser, à Bâle. — «...... La maison Perkins proposait au ministre des finances, en septembre 1848, d'organiser en six mois l'application de ses procédés, et lui faisait des conditions excessivement onéreuses. Mais la loi portant la réforme postale était exécutoire du 1erjanvier 1849. Je pensai arriver en temps utile en appropriant mon système à ce travail ; mes preuves d'ailleurs étaient faites par l'entière réussite des billets de la Banque de France et des cartes à jouer. D'un autre côté, je ne faisais aucune condition à l'administration, organisant les ateliers nécessaires à mes frais et promettant une économie de plus de 200 000 francs sur les frais de la première commande de la poste, calculée au prix de M. Perkins. Le ministre me chargea du travail.

« Les procédés dont je dispose se prêtaient également à la multiplication de tout genre de gravure en taille-douce comme en taille de relief ; j'avais le choix entre l'impression en taille-douce et l'impression typographique. De nombreuses expériences faites autrefois à la demande de MM. les ministres des finances Humann et Laplagne sur la contrefaçon des timbres légaux, m'avaient démontré que la gravure en relief ou typographique est celle qui offre le plus de garanties contre le faux, en admettant qu'elle soit exécutée dans certaines conditions spéciales, et imprimée de manière à rendre à la fois le report sur pierre lithographique et sur métal absolument impropre à produire des épreuves, et à paralyser complètement les procédés anastatiques, chimiques, électro-chimiques et photographiques, etc.

« Certain d'atteindre un tel résultat pour mes timbres, je m'arrêtai au système typographique. J'étais encore confirmé dans ce choix par l'exemple de la Banque de France, dont les billets, en taille de relief, ne sont point contrefaits sérieusement, quand ceux en taille-douce des autres pays le sont si fréquemment et si facilement.

« Le coin type fut gravé en cinq semaines. Dans un temps égal, les ateliers de fabrication furent créés, et les planches portant 300 timbres exécutées. Quelques jours de tirage avec des presses à bras ordinaires, à raison de 1 200 000 timbres-poste par jour, me suffirent pour livrer à la direction générale des postes l'approvisionnement abondant de tous ses bureaux, les timbres purent être répandus dans toutes les communes de France, en Corse et en Algérie, avant le

1er janvier 1849, bien qu'il en restât près de 10 millions en magasin.

« Les timbres-poste, aujourd'hui de cinq valeurs différentes, sont imprimés en couleurs distinctes, sur des papiers teintés en diminutif de la couleur de l'impression. L'impression noire est abandonnée dans un intérêt de service (le noir est réservé pour l'annulation).

« Le gommage des feuilles, qui s'opère d'une manière très-simple, n'a rien de malsain ni de repoussant comme celui des postage-stamps anglais. Il ne rend pas la gravure indistincte en la noircissant par la transparence du papier, comme cela arrive le plus souvent aux timbres-poste anglais, à ceux de l'Union américaine et d'ailleurs. Il adhère facilement et très-parfaitement aux lettres, en conservant toujours beaucoup de flexibilité.

« L'oblitération ou annulation, qui se pratique dans les bureaux de poste à l'aide d'une encre typographique noire très-commune, est complète et entièrement à l'abri du lavage ; des expériences multipliées et très-décisives l'ont prouvé.

« Un des caractères particuliers du timbre-poste typographique qui le ferait distinguer au premier coup d'œil de toute imitation par tout procédé de gravure, c'est la fermeté des tailles et du trait et la netteté de l'impression ; ces qualités précieuses, qui font résister le papier et la gravure à l'action noircissante du gommage et au froissement réitéré de la circulation, permettent toujours aux employés des postes et au public l'examen véritable des petites images. Ce caractère manque tout à fait aux timbres dus au système Perkins, dont la garantie consiste en beaucoup de finesse et de douceur, qualités inappréciables pour les employés et le public qui n'examinent pas à la loupe, et que la mauvaise fabrication remplace le plus souvent par un ton douteux et sali favorable à la contrefaçon. Ce défaut provient encore de l'imperfection du gommage, ou du moindre froissement entre des papiers et dans les poches.

« Avec quelque talent et de la patience, il est incontestable que le timbre en taille-douce peut être contrefait par la taille-douce ou par le report anastatique. Il n'est pas douteux, d'un autre côté, que toute contrefaçon de mes timbres typographiques est impossible par le report, et que toute imitation par un procédé de gravure en taille-douce quelconque ou de lithographie sera toujours reconnue à l'aspect seul, c'est-à-dire sans examen minutieux. La distribution de l'encre offre d'ailleurs un caractère essentiel et convaincant pour l'expert.

« La gravure d'épargne et en relief sur acier d'un timbre typographique présentant les garanties que je cherche, exige un graveur habile et expérimenté ; on en compte peu en France, moins encore à l'étranger. Le graveur, auteur du type primitif, ne se copierait pas exactement, quel que fût d'ailleurs son talent.

« D'un autre côté, la contrefaçon par feuilles de timbres paraît seule capable de tenter la cupidité d'un faussaire habile ; or, en admettant un type contrefait, il faudrait encore composer une planche ; et mon procédé est l'unique qui permette

Louis Figuier

de multiplierIDENTIQUEMENT des planches et gravure d'épargne, comme celle des billets de la Banque de France, des cartes à jouer et des timbres-poste. En outre, mes planches d'un seul morceau de métal, capables de tirer plusieurs centaines de millions de timbres, sans altération, sont composées de timbres espacés entre eux avec une rigueur toute mathématique et suivant des lignes absolument droites et perpendiculaires entre elles,résultat que ne peut atteindre aucun moyen mécanique ou artistique connu. Il y a donc lieu de penser et de dire que, si mon système typographique est supérieur au procédé de taille-douce sidérographique dans la pratique postale, il le dépasse également en garantie et sous le rapport économique, etc. »

9.   Manuel de Galvanoplastie, par M. Smée, traduit par E. de Valicourt, 2 vol. in-12, Paris, 1860, chez Roret.

10.   Mais le procédé qui a donné jusqu'ici les meilleurs résultats est celui de Félix Abate, de Naples. L'auteur désigne ce procédé sous le nom de thermographie, ou art d'imprimer par la chaleur. Voici en quoi il consiste. On mouille légèrement, avec un acide étendu d'eau ou un alcali, la surface des sections de bois dont on veut faire des fac-similé, et l'on en prend ensuite l'empreinte sur du papier, du calicot ou du bois blanc. D'abord cette impression est tout à fait invisible ; mais en l'exposant pendant quelques instants à une forte chaleur, elle apparaît dans un ton plus ou moins foncé, suivant la force de l'acide ou de l'alcali. On produit, de cette manière, toutes les nuances de brun, depuis les plus légères jusqu'aux plus foncées. Pour quelques bois qui ont une couleur particulière, il faut colorer la substance sur laquelle on imprime, soit avant, soit après l'impression, selon la légèreté des ombres du bois.

11.   « L'impression naturelle, dit M. L. Aüer, dans une brochure publiée en 1853, intituléeDécouverte de l'impression naturelle, est d'une grande importance, non-seulement pour la botanique, — car, outre des plantes, on a déjà copié aussi des insectes et d'autres objets, — mais encore pour beaucoup de branches industrielles, particulièrement pour la fabrication des tapis, des étoffes de soie, et pour les rubans.

« Voici le procédé qui est mis en pratique à l'imprimerie impériale de Vienne, pour obtenir la gravure des dentelles et objets analogues, tel qu'il est indiqué dans un rapport fait à la Chambre de commerce de cette ville, le 2 août 1852, par M. le secrétaire Holdans.

« On enduit le coupon original de dentelle, destiné à être copié, d'une mixture d'eau-de-vie et de térébenthine de Venise, et on le pose, tendu, sur une planche de cuivre ou d'acier bien polie. On y superpose ensuite une lame de plomb pur, également polie, et l'on fait glisser, à l'aide d'une presse, les deux planches renfermant l'échantillon de dentelle, entre deux cylindres, qui exercent momentanément une pression de 800 à 1 000 quintaux. Aussitôt qu'on a détaché les planches, on reconnaît que le tissu de la dentelle s'est empreint dans la lame de plomb ; on l'en écarte avec précaution, et le dessin apparaît en creux sur la lame de plomb.

« Comme on veut obtenir, dans le but d'en tirer des imprimés, une planche très-dure, il faut ensuite employer les procédés ordinaires de stéréotypie ou de galvanisation, par lesquels on peut multiplier, à l'infini, le nombre des planches destinées à l'impression.

« Comme on n'imprime par la presse typographique que des gravures en relief, il est clair que les planches stéréotypiques obtenues ayant le fond relevé et le dessin de la dentelle en creux, le premier s'imprime avec une couleur quelconque, tandis que le dernier garde la couleur du papier qu'on y a employé.

« C'est là l'ensemble du procédé. Tout dessin, quelque compliqué qu'il soit, peut par là être multiplié à l'instant, de la manière la plus fidèle, dans les détails les plus délicats, et à un prix qui égale celui de l'impression ordinaire.

« S'il s'agissait d'objets qui pourraient être endommagés par cette méthode, on enduirait l'original d'une solution de gutta-percha et l'on se servirait de la forme de cette matière comme de matrice, dans le traitement galvanique, après l'avoir imprégnée d'une solution d'argent. »

12.   Aussi, comme nous le verrons plus loin, dès que la dorure voltaïque fut connue, c'est-à-dire en 1848, l'intérieur de l'église Saint-Isaac fut doré par la pile, dans l'Institut galvanique du duc de Leuchtemberg.

13.   T. V, p. 80.

14.   Même volume, p. 357.

15.   T. X, p. 185.

16.   Annales de chimie et de physique, t. CXXIII, p. 399.

17.   C'est ce que nous apprend le passage suivant de la grande Encyclopédie de d'Alembert :

« Lorsque les horlogers veulent dorer quelques petites pièces de cuivre ou d'acier, leur méthode ordinaire est de plonger la pièce dans une dissolution d'or par l'eau régale. Suivant les lois de la plus grande affinité, le fer ou le cuivre sont dissous, et l'or abandonné de son acide se dépose, s'étend sur les pièces et les dore.

« Dans ce procédé, comme la dissolution d'or est toujours avec excès d'acide, cet acide qui n'est point saturé agit sur les pièces, en détruit les vives arêtes, et leur ôte la précision que l'ouvrier leur avait donnée.

« M. Baumé a imaginé de préparer une dissolution d'or avec le moins d'excès d'acide possible. Pour cet effet, il fait évaporer la dissolution d'or par l'eau régale jusqu'à cristallisation. Il pose ces cristaux sur du papier qui en absorbe toute l'humidité, il les dissout ensuite dans de l'eau distillée.

« La dissolution ainsi préparée attaque très-légèrement les pièces délicates d'horlogerie, et seulement pour appliquer l'or à leur surface ; on les lave ensuite avec de l'eau. On obtient de cette manière une dorure plus belle, plus brillante, plus solide, et qui ne laisse pas de petits non dorés, comme il arrive par le procédé ordinaire. »

18.   M. Vapereau, dans son Dictionnaire des contemporains (3e édition, 1865), fournit des indications fort inexactes sur M. de Ruolz. Le confondant successivement avec ses trois cousins germains, de Lyon, il le fait entrer à l'École polytechnique, le nomme capitaine du génie, lui fait donner sa démission en 1848, pour se consacrer à la chimie, etc. Il attribue à « l'un de ses frères » la composition musicale et « les succès sur les scènes d'Italie ». Nous croyons donc utile de rétablir ici la parenté exacte de ce savant.

La famille des Ruolz, de Lyon, se compose de trois frères, savoir :

1° Charles Marie-Alfred, marquis de Ruolz, né à Lyon en 1802, ancien officier de la marine royale et du corps d'état-major. Agronome distingué, propriétaire du grand domaine d'Alleret (Haute-Loire) qu'il exploite lui-même. Le marquis Charles de Ruolz, a obtenu un grand nombre de primes d'honneur et de médailles d'or dans les concours régionaux. En 1860, il remporta la grande prime d'honneur que le gouvernement décerne, tous les sept ans, à la plus belle exploitation agricole de chaque département.

2° Léopold-Marie-Philippe, comte de Ruolz, né à Lyon en 1805, statuaire et archéologue distingué. Le comte de Ruolz a obtenu, en 1836, la médaille d'or à l'Exposition du Louvre (sculpture). Il est membre de l'Académie des Sciences, lettres et arts de Lyon, et a été nommé professeur de sculpture à l'école des beaux-arts de Lyon, en 1838.

3° François-Albert-Henri-Ferdinand, baron de Ruolz, frère des précédents, est né à Lyon en 1810. Élève de l'École polytechnique en 1827, if fut nommé lieutenant du génie en 1829, et capitaine en 1835. Il a fait les campagnes d'Afrique, et a coopéré aux fortifications de Lyon et à celles de Paris. Il donna sa démission en 1848. Le baron de Ruolz est administrateur des hôpitaux de Lyon, directeur de la caisse d'épargne de Lyon et de l'école industrielle de la Martinière.

Le comte Henri de Ruolz (Henri-Catherine-Camille), le chimiste dont il est question dans cette notice, est cousin germain des trois précédents. Il est né, comme nous l'avons dit, à Paris en 1811.

19.   Manipulations hydroplastiques, p. 15.

20.   Manipulations hydroplastiques, p. 27.

21.   Dictionnaire de chimie industrielle de MM. Barreswil et Girard, t. II, p. 128 : articleDépôts métalliques, par M. Henri Bouilhet.

22.   Dictionnaire de chimie industrielle de MM. Barreswil et Girard, t. II, p. 130.

23.   Article cité du Dictionnaire de chimie industrielle.

NOTES

24.   Pages 230-235.

25.   Manipulations hydroplastiques, page 107.

26.   M. Oudry bronze également le fer et la fonte par un procédé de métallisation tout superficiel, qui n'a rien d'électrochimique, mais qui est trop intéressant pour ne pas être signalé ici en quelques mots. Il prépare une poudre de cuivre très-divisé, en recueillant les fragments de cuivre qui proviennent de différentes opérations ; et il les triture au moyen de pilons mus par la vapeur. Il mélange cette poudre de cuivre avec l'enduit qui lui sert d'agent intermédiaire pour le cuivrage voltaïque, et il obtient ainsi une peinture d'un beau ton de cuivre, que l'on bronze ensuite avec de la liqueur ammoniacale, dont il a été question plus haut, comme s'il avait affaire au cuivre même. Les pièces de fonte recouvertes de cette peinture métallique, ont tout à fait l'aspect de pièces cuivrées et bronzées par la pile.

Cette peinture est extrêmement adhérente ; mais elle n'est, bien entendu, qu'une simple peinture, qui ne peut avoir la durée d'un dépôt électro-chimique. Son avantage réside dans l'économie de son application. On peut voir un échantillon de cette peinture au cuivre pulvérisé sur le nouveau balcon du Théâtre-Français.

27.   Tome IIIe.

ISBN : 978-1519209511

Louis Figuier